Informatik

Elementare Einführung in Entwurf, Analyse und
maschinelle Verarbeitung von Algorithmen

Von
Dr. Martin Warnke

2., unveränderte Auflage

R. Oldenbourg Verlag München Wien

Die Deutsche Bibliothek — CIP-Einheitsaufnahme

Warnke, Martin:
Informatik : elementare Einführung in Entwurf, Analyse und
maschinelle Verarbeitung von Algorithmen / von Martin
Warnke. — 2., unveränd. Aufl. — München ; Wien : Oldenbourg,
1991
  ISBN 3-486-21713-5

© 1991 R. Oldenbourg Verlag GmbH, München

Gesamtherstellung: Rieder, Schrobenhausen

ISBN 3-486-21713-5

INHALTSVERZEICHNIS

VORWORT

In dieser Einführung in die Informatik wird der Versuch unternommen, auch mathematisch Ungeübten einen klaren und begrifflich sauberen Zugang zu den wesentlichen Gegenständen und Methoden der automatisierten Datenverarbeitung zu verschaffen.

Das Buch entstand aus einer Informatikvorlesung für Nebenfachstudenten, deren enger zeitlicher Rahmen von insgesamt vier Semesterwochenstunden gerade die Themenauswahl besonders wichtig machte. Ich bin dabei nach der Richtschnur vorgegangen, Verwendern höherer Programmiersprachen am Beispiel der Sprache Pascal das notwendige Rüstzeug für eine sichere Programmentwicklung an die Hand zu geben und sowohl das mathematische als auch das technische Umfeld nur insofern zu beleuchten, als es sinnvollerweise bei der Knappheit des Raums möglich und für den Adressatenkreis wünschenswert ist.

Der Gegenstand der Darstellung ist die konventionelle Datenverarbeitung. Moderne, begrifflich avancierte Konzepte und Sprachen wie LISP oder PROLOG sowie Datenstrukturen wie Listen oder Bäume, Automatentheorie oder Compilerbau spielen hier keine wesentliche Rolle. Anhand von Pascal als einer typischen Vertreterin einer höheren Programmiersprache der "klassischen" Datenverarbeitung und ihrer sehr durchsichtig gehaltenen Grammatik sowie klar beschreibbaren Interpretation ihrer Sprachelemente werden die hier interessierenden Konzepte entwickelt; mit Hilfe einer einfachen Assemblersprache wird gezeigt, wie der (menschliche oder automatische) Übersetzer mit dem Programmtext in der problemorientierten Programmiersprache verfahren muß, um ihn für die Maschine ablauffähig zu machen; anhand eines sich auf das wesentliche beschränkenden Maschinenmodells wird gezeigt, wie die Rechnerhardware die Programme abarbeitet.

Die Gliederung des Buches folgt dem Prinzip, ausgehend vom konkreten Problem erst dann zur technischen Realisierung zu kommen, wenn sich diese aus dem Gang der Problemlösung entwickeln läßt. So steht die Modellierung von Wirklichkeit auch am Anfang der Darstellung, die Realisation von Datenverarbeitungsvorgängen auf technischem Niveau am Ende.

Die Themenabfolge hält sich nicht streng an die Arbeitsweise bei der Programmentwicklung, obwohl sie sich durchaus an ihr orientiert. Insbesondere taucht die Begrifflichkeit der Modularisierung von Programmen erst relativ spät auf, obgleich sie gerade beim Beginn der Programmentwicklung von außerordentlicher Bedeutung ist. Der Grund hierfür liegt darin, daß zunächst die elementaren algorithmischen Grundstrukturen geklärt worden sein müssen, ehe dem Leser ihr Zusammenspiel in einem komplexen Programm nahegebracht werden kann. Ähnlich verhält es sich mit der recht späten Einführung des Ablaufschemas der Rekursion: sie erfordert das Funktionenkonzept in der höheren Programmiersprache und wird daher auch erst nach der Modularisierung, folglich auch erst nach der Iteration abgehandelt. Obwohl die Iteration diejenige Programmstruktur ist, die sich aus der Technik gängiger Rechenanlagen ergibt, nicht aus den Anfordernissen der zu lösenden Probleme, ist sie hier nach vorn gerückt worden.

In den Text sind kleine Übungsaufgaben eingestreut, deren Bearbeitung vor dem Weiterlesen empfohlen wird, um die Inhalte für sich noch einmal zu problematisieren. Zur Selbstkontrolle können die Lösungen herangezogen werden, die im Anhang wiedergegeben sind.

Bei der Abfassung des Textes bin ich für viele anregende Diskussionen vor allem meinen Kollegen und Freunden Can Alkor, Karl Lesshafft und besonders Martin Schreiber dankbar. Weiterhin danke ich sehr Sabine Jeschke für die Ermunterung bei der Arbeit und ihre kritischen Anmerkungen zum Manuskript.

Ohne Diethelm Stoller wäre es gewiß nie zu diesem Buch gekommen; unter anderem deshalb bin ich ihm zu besonderem Dank verpflichtet.

0. EINLEITUNG

Dieser einleitende Abschnitt zeigt die Genese der sehr jungen Wissenschaft "Informatik" sowie ihre wesentlichen Anwendungsfelder und Untersuchungsgegenstände auf: Datenverarbeitungsanlagen und Algorithmen.

0.1 Entstehung und Gegenstand der Wissenschaft "Informatik"

Unter **Informatik** ist die Lehre von der systematischen Verarbeitung von Informationen mit Hilfe von Datenverarbeitungsanlagen zu verstehen. Das dabei verwendete Arbeitsmittel, der Computer, gab Anlaß dazu, sich unter neuen Gesichtspunkten mit dem alten Thema der Verarbeitung von Informationen zu befassen. Das Neuartige an der Informationsverarbeitung mit Hilfe von Computern ist der Umstand, daß nicht mehr intelligenzbegabte Menschen mit den Informationen umgehen, sondern vollständig intelligen**lose** Maschinen.

Man schätzt diese informationsverarbeitenden Maschinen ihrer Zuverlässigkeit und Schnelligkeit wegen. Durch keinen eigenen Willen angetrieben, kann man sie langwierige, repetitive Arbeiten erledigen lassen, ohne daß ein Nachlassen ihrer Zuverlässigkeit zu erwarten wäre. Allerdings sind Computer zunächst nur äußerst elementarer Verarbeitungsschritte fähig; doch lassen sie sich durch Verknüpfung sehr vieler solcher Schritte auch dazu instruieren, hochkomplexe Aufgaben zu erledigen.

Die Übertragung der Informationsverarbeitung an Maschinen wirft erhebliche Probleme auf, deren (chronologisch) erste der Bau solcher Maschinen selbst war. Folglich stellten anfangs auch gerätetechnische Fragestellungen das wesentliche Arbeitsgebiet des Vorläufers der Informatik dar.

Bereits Charles Babbage (1792-1871) hat im 19. Jahrhundert Maschinen entwickelt und Konzepte entworfen, die mit den heutigen Datenverarbeitungsanlagen große Ähnlichkeiten aufwiesen. Auch war sich Babbage bereits darüber im Klaren, was Sinn und Zweck solcher Maschinen sein sollte: sie sollten nach entsprechender organisatorischer Aufteilung geistiger Arbeitsabläufe einen Teil der bisher von Menschen verrichteten geistigen Arbeit übernehmen. Genau wie in den Manufakturbetrieben und später in der Industrie durch Arbeitsteilung und Einsatz von Maschinen Handarbeit rationalisiert wurde, wollte Babbage schon eine Rationalisierung der Kopfarbeit erzielen. Doch Babbage scheiterte noch an feinmechanischen Problemen. Erst Konrad Zuse gelang es 1941, die erste funktionsfähige Maschine vorzustellen, der man Informationsverarbeitung im heute üblichen Sinn übertragen konnte.

Nach Überwindung der gerätetechnischen Schwierigkeiten, die dem Bereich der Elektrotechnik zuzuordnen sind, hat sich etwa 1960 die Lehre von der **Programmierung** der Datenverarbeitungsanlagen als eine eher mathematische Disziplin verselbständigt. Mit Programmieren ist die Festlegung der Regeln gemeint, nach denen der intelligenzlose Automat die ihm eingegebenen Informationen verarbeiten soll. Man nannte diesen Wissenschaftszweig in den USA, wo er entstand, *Computer Science*; im deutschen Sprachraum hat sich der Begriff "Informatik" eingebürgert. Obwohl gerätetechnische Überlegungen in der **technischen Informatik** noch immer eine Rolle spielen, konzentrieren sich die **praktische** und die **theoretische** Informatik im wesentlichen darauf, die grundsätzlichen Verfahrensweisen, Methoden und Werkzeuge, nach denen ein Automat zur Erledigung geistiger Arbeit instruiert werden kann, herauszuarbeiten. Informatik kann deshalb auch als die Wissenschaft von der Automatisierung menschlicher Kopfarbeit mit Hilfe programmierbarer Rechenanlagen verstanden werden.

0.2 Anwendungsfelder Automatisierter Datenverarbeitung

Die ersten Anwendungsfelder von Computern, speziell der von K. Zuse entwickelten, waren bautechnischer Art: die Statik und die mit ihr zusammenhängenden numerischen (rechnerischen) Probleme; außerdem fanden seine Rechner bei der Konstruktion von Flügelbomben Verwendung. Im 2. Weltkrieg wurde der erste elektronische Rechner in Großbritannien ebenfalls zu militärischen Zwecken eingesetzt, und zwar zur Entzifferung des Geheimcodes der Deutschen Wehrmacht. Überhaupt war der Rüstungssektor vor allem als Geldgeber stets maßgeblich für die Entwicklung und Anwendung von Datenverarbeitungstechnik. Viele Waffensysteme, z.B. Feuerleitsysteme moderner Raketen, wären ohne automatische Datenverarbeitung unmöglich. Wesentliche Entwicklungen, wie die Programmiersprachen COBOL und ADA sowie die Miniaturisierung elektronischer Schaltung für den Bombenbau sind direkt vom amerikanischen Verteidigungsministerium initiiert worden. Im Maschinenbau werden Rechner u.a. zum computerunterstützten Konstruieren und Fertigen (CAD/CAM[1]) eingesetzt, in der Verwaltung zur Lohnbuchhaltung, Kontenführung und Personalverwaltung. Computer werden zur Steuerung industrieller Prozesse wie dem Raffinerie- oder dem Kraftwerksbetrieb, für die Lagerhaltung, die Produktionsplanung und –steuerung, den Robotereinsatz, im Druckgewerbe zur Aufbereitung von Texten und Graphiken und im Bibliothekswesen für Literaturrecherchen und die Ausleihverbuchung verwendet. Durch die Einführung digitaler Nachrichtenverbindungen und die Integration vormals verschiedener Kommunikationsstrukturen (Telefon, Rundfunk und Fernsehen sowie Datenübertragung) können Informationsströme durch Com-

---

[1] Abkürzungen für: *Computer Aided Design* und *Computer Aided Manufacturing*

puter gesteuert und überwacht werden.

In allen Wissenschaften gehören Computer zum unverzichtbaren Werkzeug: in den mathematisch-naturwissenschaftlichen Disziplinen für die Simulation, die Meßwerterfassung und –auswertung sowie für numerische Anwendungen, in den Geistes- und Sozialwissenschaften zu linguistischen und statistischen Verfahren sowie zur Informationsverwaltung.
Ein neues Gebiet der Informatik ist die **Künstliche-Intelligenz**-Forschung. Sie versucht, Denkprozesse nachzubilden und zu automatisieren: dazu gehören die Verarbeitung natürlicher Sprache, Mustererkennung, Expertensysteme und der Bau autonomer Roboter. Es ist allerdings fragwürdig, ob der hohe Anspruch dieser Disziplin der Informatik einzuhalten ist. Es zeigt sich nämlich mehr und mehr, daß die Struktur menschlicher und maschineller Informationsverarbeitung prinzipiell verschieden zu sein scheinen.

Ähnlich wie Chemie und Physik zu Beginn der Industrialisierung die wesentlichen Grundlagenwissenschaften für die Entwicklung der Ökonomie waren, spielt für die derzeit stattfindende "2. industrielle Revolution" die Informatik eine Schlüsselrolle. Wesentliche Schübe in der Steigerung der Produktivität (Rationalisierung) sind bereits durch den Einsatz von DV-Geräten erfolgt; weitere, insbesondere auch im Dienstleistungs- und Verwaltungsbereich stehen noch aus. Die Umwälzungen im ökonomischen und gesellschaftlichen Sektor sowie die Weiterentwicklung der Militärtechnik werden zunehmend gerade durch Entwicklungen ermöglicht, die auf dem Gebiet der Computertechnik erfolgen. Deshalb sind auch für die Informatik ähnliche Fragen wie für die Naturwissenschaften zu klären: wie geht ein Informatiker mit der Verantwortung um, die er für seine Produkte zu tragen hat? Obwohl das Arbeitsprodukt des Informatikers (das Computerprogramm) eher logisch-mathematischen, immateriellen Charakter hat, so sind doch die Folgen seines Einsatzes durchaus handfester Natur.

0.3 Funktionsprinzip einer Datenverarbeitungsanlage

Im wesentlichen besteht jeder Datenverarbeitungs- (DV-) prozeß aus den Vorgängen Eingabe - Verarbeitung - Ausgabe (**EVA-Prinzip**):

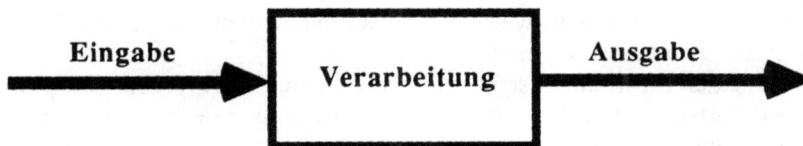

Eingabe → **Verarbeitung** Ausgabe →

Dieses Prinzip gilt für jedes Computerprogramm und für alle seine in sich

geschlossenen Teile. Aus der Sicht des Benutzers einer DV-Anlage vollzieht sich
die Eingabe von Informationen typischerweise über eine Tastatur oder einen
Lochkartenleser, aber auch die Sensoren eines Industrieroboters oder die
Radarschirme bei der Raketenabwehr sind als Eingabegeräte aufzufassen; die
Ausgabe teilt das Ergebnis der Eingabeverarbeitung der Außenwelt mit: an den
Bildschirm des Geräts, den Drucker, an Effektoren wie Roboterarme oder den
Leitstand eines Kraftwerks. Allgemein sind auch alle Datenströme, die zwischen
Programmen fließen, als Ein- und Ausgabe anzusehen.

Im Verlauf der Verarbeitung erzeugt der Computer nach einer Reihe von
festzulegenden Regeln die Ausgaben in Abhängigkeit der erfolgten Eingaben. Je
nach den Regeln, dem **Programm**, das bei der Verarbeitung ausgeführt wird,
stellt sich der Computer als eine spezifische Maschine mit den Eigenschaften
dar, die für die Anwendung gebraucht werden. So wird ein Computer im einen
Fall als Buchhaltungsautomat, im anderen als Robotersteuerung in Erscheinung
treten, je nachdem, ob das Buchhaltungs- oder Robotersteuerungsprogramm
abgearbeitet wird.

Auch eine Waschmaschine führt unterschiedliche Programme aus, Getränke-
oder Geldautomaten sind verschiedener Operationen fähig; ihre Programme
sind jedoch fest vorgegeben. Früher verwendete man als Programmspeicher
eine geeignete Verdrahtung oder Steck- und Lochkarten, heute werden Mikro-
chips verwandt.

Anders liegt der Fall bei Computern:
Computer sind wegen ihrer **freien Programmierbarkeit** Allzweckauto-
maten, und diese Flexibilität macht ihren Einsatz, neben der enormen
Geschwindigkeit und Zuverlässigkeit, mit der die Aufgaben erledigt werden,
ökonomisch relevant.
Bei allen verschiedenen Anwendungen einer DV-Anlage wird jeweils dasselbe
physisch vorhandene Gerät benutzt. Es kann eine Reihe von **Anweisungen**
unmittelbar ausführen, deren Umfang von der Bauweise der DV-Anlage abhängt. Diesen elementaren Anweisungsvorrat zusammen mit der DV-Anlage
selbst kann man als **Basismaschine** bezeichnen.
Bei der Ausführung eines Programms nimmt dann die Basismaschine den dem
Programm entsprechenden Charakter der **Benutzermaschine** an. Die Benutzermaschine wird im Allgemeinen einen anderen **Anweisungsvorrat** als
die Basismaschine besitzen, welcher dies ist, hängt vom Programm ab, das die
Basis- in die Benutzermaschine transformiert.
Gegenstand der Informatik ist es nun, durch den Entwurf von Computerpro-
grammen die benötigten Benutzermaschinen zu konstruieren. Diese Aufgaben-
stellung macht die Informatik zu einer Ingenieurswissenschaft wie z.B. den
Maschinenbau.

```
┌─────────────────────────────────────┐
│          Benutzermaschine           │
└─────────────────────────────────────┘
                  ▲
              Programm
┌─────────────────────────────────────┐
│           Basismaschine             │
└─────────────────────────────────────┘
```

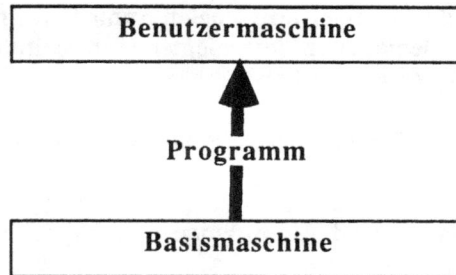

0.4 Kennzeichen von Computerprogrammen (Algorithmen)

Nicht erst seit der Benutzung von Computern sind präzise Regelsysteme entworfen worden, deren Anwendung zwar nützlich war, doch vom Ausführenden keine oder nur geringe Intelligenz, Einsicht oder schöpferische Leistung verlangte. Beispielsweise die Anleitungen des Arabers Al-Chwarazmi (um 820 n.Chr.) zum Rechnen mit Symbolen statt mit den zu dieser Zeit noch üblichen Rechensteinen waren solche Regeln. Nach ihrem Verfasser werden heute Handlungsanweisungen, die hinreichend präzise gefaßt sind und ohne Intelligenz, Einsicht oder schöpferische Phantasie ausführbar sind, **Algorithmen** genannt.
Beispielsweise im Bereich des schulischen Rechnens sind Algorithmen anzutreffen, man denke nur an die Verfahren zur schriftlichen Ausführung der Grundrechenarten. Andere Beispiele für Algorithmen sind Kochrezepte und Bedienungsanleitungen.
Auch die Handlungsanweisungen an Computer, die die Basis- in die Benutzermaschine transformieren, sind Algorithmen. Ihre sprachliche Form gewinnen sie durch Verwendung von **Programmiersprachen**. Somit sind Computerprogramme Beschreibungen von Algorithmen, die in einer Programmiersprache vorgenommen wurden.

Folgende Merkmale zeichnen einen Algorithmus und damit auch die Handlungsanweisungen, die einem Computer gegeben werden können, aus:

Ein Algorithmus

1) ist ein allgemeines Verfahren zur Lösung einer bestimmten Klasse von Problemen (**Allgemeinheit**),

2) setzt beim Ausführenden (Prozessor) keine Intelligenz, Einsicht oder Verstand, Intuition oder Phantasie voraus,

3) ist daher präzise, d.h. in einer festgelegten Sprache formuliert und verlangt nur die Ausführung elementarer, festgelegter Verarbeitungsvorgänge in bestimmter Abfolge **(Determiniertheit)**,

4) besteht in seiner sprachlichen Formulierung nur aus endlich vielen Zeichen **(Endlichkeit)**.

Mit diesen Eigenschaften sind Algorithmen also Verhaltensmuster zur automatischen Lösung von Problemen.

<u>Übung 1:</u> Geben Sie Beispiele für Algorithmen und diskutieren Sie, ob alle vier Eigenschaften erfüllt sind.

Welche Programmiersprache zur Beschreibung der gewünschten Algorithmen verwendet wird, ist im Prinzip zweitrangig. Das Schwergewicht bei der Konstruktion der Benutzermaschine liegt immer auf dem Entwurf des Algorithmus selbst; seine Beschreibung kann dann anschließend in einer Programmiersprache erfolgen, die für den Zweck besonders geeignet ist.

1. BEGRIFFLICHE GRUNDLAGEN DER PROGRAMMIERUNG

Der erste der beiden Buchteile behandelt die Aufbereitung von Problemlösungen mit Hilfe **höherer**, d.h. problem- und nicht maschinenorientierter, **Programmiersprachen** am Beispiel der Sprache **Pascal**. Technische Aspekte wie etwa der Aufbau von Datenverarbeitungsanlagen oder die Ausführung von Programmen durch den Rechner spielen hier (fast) noch keine Rolle.
Dagegen liegt der Schwerpunkt auf der Synthese und Analyse von Programmtexten. Es sollen sowohl ein abstraktes Maschinenmodell, das die Abläufe bei der Programmausführung darstellt, als auch die logischen, vom Programmlauf unabhängigen Aspekte der Programmtexte entwickelt werden.

1.1 Algorithmische Grundstrukturen und elementare Datentypen

Dieser Abschnitt thematisiert die Elemente, aus denen alle Programme konventioneller höherer Programmiersprachen bestehen sowie die Techniken, mit denen ein Modell der Wirklichkeit aus diesen Elementen verfertigt werden kann.

1.1.1 Strukturierter Programmentwurf

Anhand eines Beispiels wird aufgezeigt, wie man, ausgehend von einem realen Problem, zu dem Entwurf eines Computerprogrammes kommt.
Bemerkenswert ist insbesondere, wie stark die Realität auf formale Strukturen reduziert werden muß, um von einem Rechner verarbeitbar zu sein. Dieser **Realitätsverlust** ist unvermeidlich; er drückt sich schon in der stark formalisierten Sprache aus, mit der die Objekte charakterisiert werden müssen, die die Abbilder der Realität sein sollen.

1.1.1.1 Programmentwurf

Will man ein Problem mit Computerunterstützung lösen, so sind zwei Situationen denkbar: entweder man findet bereits eine seinen Bedürfnissen entsprechende Benutzermaschine vor, in deren Bedienung man sich nur noch einzuarbeiten hat, oder man ist dazu gezwungen, eine solche Maschine selbst zu konstruieren bzw. eine bestehende abzuändern. Für die meisten Standardanwendungen gibt es schon die entsprechenden Programme, die das vorhandene Gerät in die gesuchte Benutzermaschine transformieren; für neue Anwendungen oder die Modifikation bestehender Systeme jedoch muß die Konstruktion erst noch vorgenommen werden. Inhalt dieser Darstellung ist es, denjenigen, die selbst Programme entwerfen wollen, die solche Programme in Auftrag geben oder auch nur verstehen möchten, wie im Prinzip computergestützte Problemlösung funktioniert, die notwendigen Techniken zur Verfügung zu stellen.

Zur Konstruktion der benötigten Benutzermaschine sind Algorithmen zu entwerfen und in einer geeigneten Programmiersprache zu formulieren. Dabei muß darauf geachtet werden, alle Eventualitäten bei der Problemlösung im voraus zu bedenken und in die Algorithmusbeschreibung einfließen zu lassen, denn die Maschine, die die Problemlösung vornehmen soll, besitzt keine Intelligenz oder Einsicht, mit der sie eigenständig ein evtl. unvollständiges Regelsystem ergänzen könnte. Aus diesem Grunde muß der Konstrukteur besondere Sorgfalt bei der **Problemanalyse** walten lassen. Die spätere Umsetzung in einen Algorithmus und erst recht die Formulierung in einer Programmiersprache sind demgegenüber eher Routinevorgänge, die nach einiger Übung recht routinemäßig abgewickelt werden können.

Im Rahmen dieser Darstellung wird untenstehendes Schema des Entwurfs automatischer Problemlösungsprozesse zur Anwendung kommen. Mit ihm lassen sich kleinere bis mittlere Problemumfänge bewältigen; für den Entwurf großer Programmsysteme müssen spezielle Verfahren, vor allem eine stark formalisierte vorgeschaltete Problemanalyse, eingesetzt werden. Diese sollte die Einbettung in bereits bestehende Arbeitsabläufe sowie organisatorische und gerätetechnische Voraussetzungen berücksichtigen. So können schwere Fehlplanungen verhindert werden, die dazu führen können, daß sich der Arbeitsablauf unsachgemäß an die DV-Lösung anpassen muß und nicht umgekehrt, wie es wünschenswert wäre.

Die Problemlösungsstufen bestehen aus den Teilen **Spezifikation, Planung** und **Realisation**. Im folgenden werden stichpunktartig die notwendigen Arbeitsschritte dargestellt:

1. Spezifikation

Die Spezifikation legt fest, welche Benutzermaschine auf welcher Basismaschine zu realisieren ist.

Möglicherweise müssen gewisse Vorarbeiten geleistet werden:
- Sind die Informationen des Auftraggebers präzise genug? Wenn nicht, müssen weitere eingeholt werden.
- Ist die Aufgabenstellung evtl. sinnvoll zu verallgemeinern, ohne daß ein erheblicher Mehraufwand entsteht? Falls ja, sollte darüber mit dem Auftraggeber diskutiert werden.

- Oft stellt man erst bei genauerer Planung fest, daß noch Unklarheiten zu beseitigen sind. Je eher diese ausgeräumt werden, desto besser.

Nun jedoch zur Spezifikation selbst.

1.1
Beschreibung der Benutzermaschine
Zunächst wird die Benutzermaschine benannt. Wie alle Benennungen, die man im Verlauf des Programmentwurfs vornimmt, sollte sie sinnfällig und aussagekräftig sein (so z.B. eher "Lohnbuchhaltung1" als "lbh1").

1.1.1
Welche Eingaben macht der Benutzer?
Die Eingabedaten sind zu benennen und zu beschreiben.
Welcher ist der Anweisungsvorrat der Benutzermaschine, d.h.: welche Kommandos soll der Benutzer der Maschine geben können?

1.1.2
Wie reagiert die Benutzermaschine auf die Eingaben des Benutzers?
D.h.: welche sind ihre Hauptfunktionen? Was geschieht, wenn der Benutzer ein Kommando gibt, was in Fehlersituationen?

1.1.3
Welche Ausgaben produziert die Benutzermaschine?
Die Ausgabedaten sind zu benennen und zu beschreiben.

1.1.4
Welche sind die Zusammenhänge zwischen Ein- und Ausgabedaten?
Hier soll eine möglichst präzise Beschreibung erfolgen, nach welchen Gesetzmäßigkeiten die Ausgabe- von den Eingabedaten abhängen. Damit ist jedoch nicht gemeint, die Verfahren zu beschreiben, nach denen die Ausgabedaten erzeugt werden sollen!

1.2
Beschreibung der Basismaschine
Hier wird festgelegt, welcher Computer und welche Programmiersprache eingesetzt werden sollen.

1.2.1
Technische Beschreibung der Basismaschine (Gerätetyp und verwendete Grundprogramme)

1.2.2
Anweisungsvorrat der Basismaschine
Welche ist die verwendete Programmiersprache?

2. Planung

In dieser Phase wird beschrieben, wie die Problemlösung organisiert werden
soll. Die wichtigsten Entscheidungen dieser Phase betreffen die Aufgliederung
der Problemstellung in separate Teilprobleme. Programmierung findet hier
noch nicht statt.

2.1
Strukturierung der Problemlösung
Wie sind die Hauptfunktionen der Benutzermaschine zu gliedern? Es sind die
Gliederungskomponenten zu beschreiben und zu benennen. Jede dieser Kompo-
nenten ist dabei eine eigenständige (**virtuelle**) **Maschine**, deren Beschreibung
nach demselben Muster wie der der Benutzermaschine zu erfolgen hat.
Die gegenseitigen Abhängigkeiten der Einzelkomponenten sind ebenfalls hier
festzuhalten.

2.2
Festlegung der **Schnittstellen** zwischen den Komponenten
Eine Schnittstelle ist die Vorrichtung, mit Hilfe derer Daten zwischen (realen
oder abstrakten) Maschinen ausgetauscht werden. An jeder Schnittstelle muß die
eine Maschine von der anderen Annahmen über ihre Aktivität machen. Die
auszutauschenden Daten werden benannt und beschrieben.

2.3
Strukturierung der Hauptfunktionen der gerade in der Planung befindlichen
Komponente nach dem Muster der Planungsphasen 2.1 bis 2.3.
Das Vorgehen, die Funktionen einer bestimmten Maschine auf die Benutzung
geeigneter Hilfsmaschinen zu stützen, wird weitergetrieben, bis lediglich leicht
überschaubare Elementarmaschinen zurückbleiben. Die Untergliederung in
Teilkomponenten hört dann auf, wenn sich Komponenten nicht mehr sinnvoll
weiter untergliedern lassen.

3. Realisation

Hier setzt die Programmierungsarbeit ein.

3.1
Feinplanung und "Schreibtischtest"
An dieser Stelle wird für jede einzelne Komponente festgelegt, nach welchen Verfahren die Ausgabe- aus den Eingabedaten zu erzeugen sind. Ist dies geschehen, wird theoretisch untersucht, ob die Algorithmen korrekt im Sinne der Aufgabenstellung sind.

3.2
Programmierung und Implementation
Hier werden die Algorithmen in der gewählten Programmiersprache niedergeschrieben und für den Rechner ablauffähig gemacht (auf ihm implementiert).

3.3
Test
Die ausprogrammierten und lauffähigen Komponenten werden einzeln und in ihrem Zusammenspiel mit den anderen Komponenten mit Hilfe des Rechners auf Fehler getestet.

3.4
Revidierung
Falls es sich herausstellt, daß einzelne Komponenten ihre Aufgabe nicht zur Zufriedenheit erfüllen (weil sie fehlerhaft, zu langsam, zu aufwendig sind), werden sie gegen geeignete andere Komponenten ausgetauscht.

An diesem Schema ist folgendes besonders wichtig:
- Die Programmierung des Verfahrens erfolgt erst in einem relativ späten Stadium der Konstruktion der Benutzermaschine; je komplexer das Problem, desto später sollte man an die Programmierung selbst denken. Zum Entwurf des Algorithmus ist deshalb eine möglichst problemnahe **Entwurfssprache** zu benutzen, die nicht schon die letztendlich verwendete Programmiersprache sein muß (es wohl i. allg. auch nicht ist). Diese sprachliche Formulierung muß allerdings hinreichend exakt, die Bedeutung ihrer Elemente muß klar genug definiert sein, damit Mehrdeutigkeiten so weit wie möglich vermieden werden können.
- Eines der wichtigsten Hilfsmittel beim Programmentwurf ist die **Modularisierung** (siehe 2.1), d.h. die Aufgliederung von komplexen Problemlösungen in kleine, überschaubare Teile. Sie ist überall dort unumgänglich, wo die Komplexität des Problems über der einfacher Übungsaufgaben liegt. In dieser Darstellung wird erst später die Modularisierung angesprochen, da zunächst die

Grundstrukturen von Algorithmen an kleinen Beispielen entwickelt werden. Daraus darf aber nicht geschlossen werden, daß man sich beim Programmentwurf (vor allem bei realistischen, d.h. komplexen Problemstellungen) erst spät um die Aufteilung der Problemlösung in überschaubare Moduln zu kümmern brauchte. Das Gegenteil ist der Fall.
- Die Effizienz der Programme wird zugunsten der klaren Gliederung und der Sicherheit erst am Ende der Problemlösung geprüft und nur dann verbessert, wenn es unbedingt notwendig ist. Trickprogrammierung, die in Hinblick auf kurze Programmlaufzeiten oder Speicherplatzersparnis eingesetzt wird, soll gänzlich unterbleiben.

Anhand eines Beispiels werden im folgenden die ersten Schritte eines automatischen Problemlösungsprozesses entwickelt.

Problemstellung

Bei der Entschlüsselung codierter Texte geht man oft folgendermaßen vor:
Man ermittelt die Häufigkeit einzelner Buchstaben eines verschlüsselten Textes und vergleicht sie mit der bekannten durchschnittlichen Häufigkeit von Buchstaben derjenigen Sprache, in der der unverschlüsselte Text vermutlich abgefaßt wurde (beispielsweise ist in der deutschen Sprache das "e" der häufigste Buchstabe). Anschließend ersetzt man das häufigste Zeichen durch das häufigste der Ausgangssprache und erhält so schon wertvolle Hinweise für eine weitere Entschlüsselung.
Es soll nun eine Benutzermaschine untersucht werden, die die Häufigkeit jedes einzelnen Zeichens in einem Text ermittelt.

Im Verlauf des strukturierten Programmentwurfs ist zunächst die Spezifikationsphase zu durchlaufen. Diese soll jedoch für die Benutzermaschine hier noch nicht erfolgen.
In der Planungsphase sind die Hauptfunktionen der Benutzermaschine zu ermitteln. Sicherlich wird sich eine der Hauptfunktionen auf eine Komponente stützen, die die Anzahl eines gegebenen Zeichens in einem Text ermittelt. Diese Hilfs- (virtuelle) Maschine soll nun genauer untersucht werden.

Zunächst ist für diese virtuelle Maschine der Teil 1.1 der Spezifikationsphase zu durchlaufen. Dabei ist unter "Benutzer" diejenige Programmkomponente zu verstehen, die sich bei ihren Funktionen der zu beschreibenden virtuellen Maschine bedient.

1.1 Beschreibung der virtuellen Maschine

Name: Zeichenzahl

1.1.1 Eingaben an "Zeichenzahl"
- zu durchmusternder Text; Name: "Text" (genauere Beschreibung steht noch aus)
- auszuzählendes Zeichen; Name: "Zeichen" (genauere Beschreibung steht noch aus)

1.1.2 Die Reaktion der Maschine "Zeichenzahl" ist einfach: sie hat nur auszuzählen, wie oft "Zeichen" in "Text" vorkommt.

1.1.3 Ausgaben von "Zeichenzahl":
- Vorkommen des Zeichens im Text; Name: "Anzahl" (genauere Beschreibung steht noch aus)

1.1.4 Zusammenhang zwischen Ein- und Ausgaben:
"Anzahl" = Zahl der "Zeichen" in "Text"

Die weiteren Schritte lassen sich im Moment noch nicht vornehmen. Zunächst sollen die Objekte, die gegeben bzw. gesucht sind, präziser gefaßt werden. Bevor dies geschieht, jedoch noch einige Bemerkungen zu der von uns zu verwendenden Entwurfssprache.

1.1.1.2 Die Entwurfssprache

In dieser Darstellung wird für die Formulierung von Algorithmen und Objekten die Sprache Pascal benutzt. Pascal ist eine **formale Sprache** und daher auch geeignet zur Realisierung von Algorithmen auf Computern, sie ist also auch eine Programmiersprache und soll den Grundwortschatz unserer Basismaschine ausmachen.

Wenn eingangs bemerkt wurde, daß die Programmierung erst spät erfolgen soll, so ist dies hier folgendermaßen zu verstehen: Pascal ist ursprünglich als Entwurfssprache konzipiert worden, die Konstrukte dieser Sprache sind allgemein und problemnah gehalten, d.h. sie können für die Beschreibung aller Arten von Algorithmen verwendet werden. Daß Pascal außerdem auch als Programmiersprache dient, ist hier eher ein erfreulicher Nebeneffekt. Auch derjenige, der später nicht beabsichtigt, Pascal als Programmiersprache zu verwenden, kann seine Algorithmen in Pascal entwerfen und sie anschließend in der ihm zur Verfügung stehenden Sprache auf einem Rechner installieren (implementieren).

Formale Sprachen (also auch Pascal) zeichnen sich durch folgende Bestandteile aus:
- Sie besitzen einen endlichen Grundvorrat an elementaren Symbolen (das **Alphabet** der Sprache),
- sie haben eine Grammatik (die **Syntax**), nach der mit Hilfe endlich vieler Regeln aus den elementaren Symbolen die Wörter der Sprache gebildet werden und
- man kann den Wörtern der Sprache eine eindeutige Bedeutung (**Semantik**) unterlegen (wenngleich es auch möglich ist, mehrere, jeweils eindeutige Interpretationen vorzunehmen).

Der Unterschied zwischen einer formalen und einer natürlichen Sprache, wie etwa Deutsch oder Englisch, besteht vor allem in der eindeutigen Interpretierbarkeit der Wörter, die durch die Semantik festgelegt ist. Erst diese Eindeutigkeit ermöglicht es uns, einem Automaten Anweisungen in einer solchen Sprache zu geben.

Beim Entwurf von Algorithmen sollte man sich möglichst wenig durch die endgültige sprachliche Form des Computerprogramms beeinflussen lassen, daher ist es in diesem Stadium der Problemlösung auch durchaus üblich (möglicherweise sogar wünschenswert), sich Freiheiten in bezug auf die Form der Algorithmusbeschreibung zu erlauben.

1.1.1.3 Syntax und Semantik der Grundobjekte integer, char und string

Für alle Objekte, die im Verlauf eines Algorithmus auftreten, gilt das

Erzeugungsprinzip: Jedes Objekt ist in endlich vielen Schritten aus endlich vielen Grundobjekten erzeugbar.

Diese Forderung muß erhoben werden, denn:

1. Die Algorithmusbeschreibung muß endlich sein (siehe Punkt 4 der Definition von Algorithmen),
2. die Algorithmusbeschreibung muß letztendlich in einer formalen Sprache erfolgen, die nur endlich viele Grundsymbole (das Alphabet) beinhaltet und
3. die Objekte müssen endliche Länge besitzen, damit sie vom Algorithmus vollständig verarbeitet werden können.

Die in dem Beispielproblem auftretenden Objekte werden nun anhand der Grundobjekte, aus denen sie erzeugbar sind und der Regeln, nach denen die

Erzeugung vorgenommen wird, beschrieben.

Zunächst wird präzisiert, was unter einem "Zeichen" verstanden werden soll. Die grammatikalischen Regeln (die Syntax) werden hier durch **Syntaxdiagramme** dargestellt. Alle syntaktisch korrekten Symbolfolgen sind mit den Syntaxdiagrammen erzeugbar; alle mit den Syntaxdiagrammen erzeugbaren Symbolfolgen gelten als syntaktisch korrekt.

Die Syntax eines **Zeichens** ist die folgende:

Zeichen

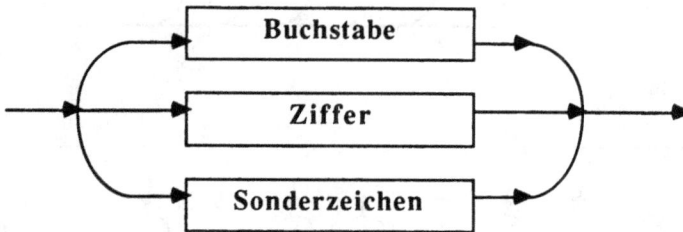

Das Diagramm ist folgendermaßen zu interpretieren: Man fahre auf ihm in Pfeilrichtung wie auf Eisenbahnschienen, von links kommend, entlang. Wo die Pfade verzweigen, hat man freie Wahl des Weges. Immer, wenn man ein rund begrenztes Symbol (ein **terminales Symbol**) antrifft (s.u.), ist es zu notieren, wenn man ein eckig umrandetes Symbol antrifft (ein **nichtterminales Symbol** oder auch **syntaktische Variable**), gibt es noch ein weiteres Syntaxdiagramm, das es näher beschreibt. Syntaxdiagramme, die nichtterminale Symbole enthalten, sind also eigentlich Ersetzungsregeln: das nichtterminale Symbol ist durch die Symbolfolge zu ersetzen, die man mit dem ihm zugehörigen Syntaxdiagramm erzeugen kann.
Hier fehlen also noch die Syntaxdiagramme für **Buchstabe, Ziffer** und **Sonderzeichen**:

Buchstabe

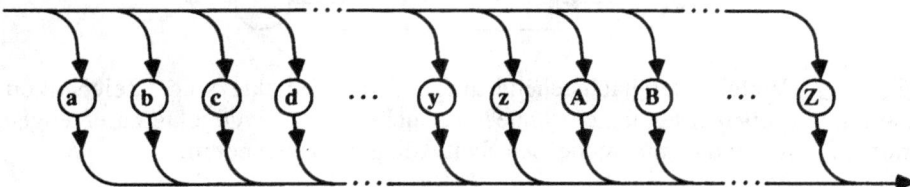

Dieses Diagramm enthält nur rund begrenzte (terminale) Symbole. Die Pünktchen sind eine informelle Notation; die Reihe der Buchstaben ist sinngemäß zu vervollständigen. Umlaute oder das "ß" sind nicht als "Buchstabe" aufzufassen.

Ziffer

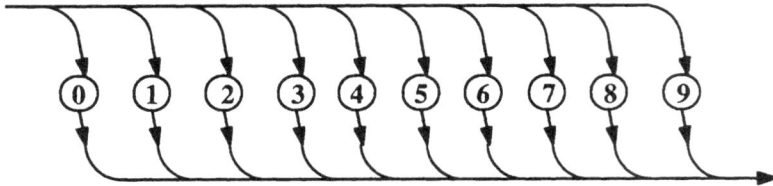

Sonderzeichen

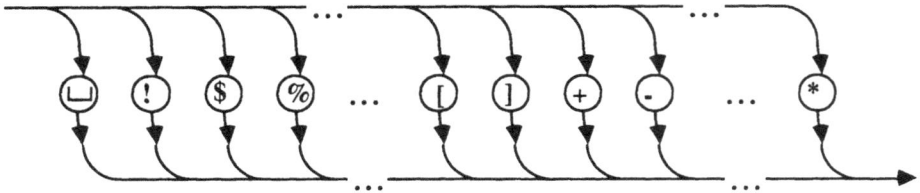

Das ganz links stehende Sonderzeichen ist die Leerstelle (Blank). Der Satz von Sonderzeichen soll hier nicht genauer festgelegt werden.

Zeichen sind selbstverständlich elementare Bestandteile vieler Sprachelemente einer formalen Sprache. Werden sie ausschließlich dazu verwendet, nur für sich selbst zu stehen, sollen also beispielsweise nur das einzelne Zeichen "a" oder nur die Ziffer "3" darstellen, so kennzeichnet man dies in Pascal durch den Einschluß des Zeichens in Apostrophe und erhält so eine **Zeichenkonstante**:

Zeichenkonstante

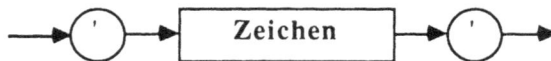

Übung 1: Welche der nachstehend aufgeführten Objekte sind "Zeichenkonstanten" im oben festgelegten Sinne? Versuchen Sie, die Objekte zu erzeugen, indem Sie durch die entsprechenden Syntaxdiagramme wandern.

'A'   r   '5'   '['   'A6'   's⎵'   '%'   'Ziffer'   '⎵'   "

Die "Zeichen" sind das erste Beispiel für eine Kategorie, die **Typ** oder **Sorte** genannt wird. Ein Typ besteht immer aus einer Menge von Objekten zusammmen mit einer Reihe von Operationen, die mit den Objekten ausgeführt werden können. Häufig verwendete Typen besitzen **Standardbezeichnungen**, die Zeichen haben die Standardbezeichnung **char**[2].

Nunmehr ist es uns möglich, den Typ des Objekts, das im Beispielproblem unter Schritt 1.1.1 als "Zeichen" bezeichnet wurde, zu präzisieren:

Zeichen: char

Als nächstes soll präzisiert werden, was unter einem "Text" verstanden werden soll. Ein Text ist sinnvollerweise eine lineare Anordnung einzelner Buchstaben, Ziffern oder Sonderzeichen, eine **Zeichenkette**:

Zeichenkette

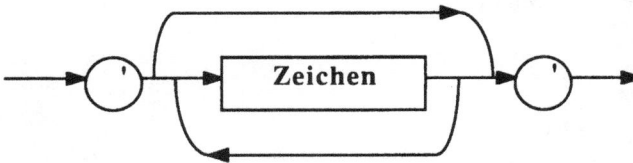

Durch den Pfad, der wieder zurück hinter das erste Apostroph führt, lassen sich auch Zeichenketten mit mehreren Zeichen erzeugen. Aber auch die leere Zeichenkette ist erlaubt.

Übung 2: Konstruieren Sie verschiedene Zeichenketten mit Hilfe des Diagramms.
Welche der nachfolgenden Objekte sind Zeichenketten in obigem Sinne?

'Informatik'   '86   '321'   "   'ⅬⅬ'

Auch die Zeichenketten bilden einen Typ, seine Standardbezeichnung lautet **string**[3]. Die Beschreibung des Eingabeobjektes "Text" könnte also lauten:

Text: string

Nun ist die Präzisierung dessen, was unter einem Objekt wie "Anzahl" zu verstehen ist, zu leisten.

---

[2] engl. *character*, Zeichen
[3] engl *string*, Kette

Sinnvollerweise sollte eine Anzahl eine ganze Zahl sein, also keine Nachkommastellen besitzen, denn der Wert des Objekts entsteht ja durch einen Zählvorgang. Zunächst wird eine ganze Zahl ohne Vorzeichen beschrieben:

vorzeichenlose ganze Zahl:

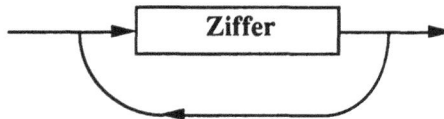

Übung 3: Welche der nachfolgenden Objekte sind "vorzeichenlose ganze Zahlen"?

3   -2   3423   +908   0045   Zahl   '76'   3+5   0   1,0

Hieraus läßt sich nun leicht eine **ganze Zahl** konstruieren, die noch zusätzlich ein Vorzeichen besitzen kann:

ganze Zahl

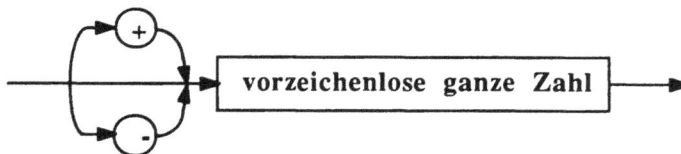

Übung 4: Welche der nachfolgenden Beispiele sind "ganze Zahlen", welche nicht?

+12   12   8765876   -10.0   +-0   35-88   -000067

Der Typ der ganzen Zahlen besitzt die Standardbezeichnung **integer**[4].

Übung 5: Man beschreibe das Objekt "Anzahl" mit Hilfe einer der entwickelten Typenbezeichnungen.

Die letzte auf dieser Stufe mögliche Präzisierung ist die der **Benennung** von Objekten. Sie kann in fast natürlicher Weise in Pascal geschehen, die Einschränkungen gegenüber einer informellen Benennung sind geringfügig.

---

[4] engl. *integer*, ganze Zahl

Es ist wichtig, genau zwischen dem **Namen** und dem **Inhalt** oder **Wert** eines Objektes zu unterscheiden. Während der Name eines Objektes stets gleich bleibt, kann der Wert möglicherweise wechseln. Nur der Wert eines Objekt kann Operationen unterworfen werden, etwa arithmetischen Operationen wie Addition oder Multiplikation, während der Name nur dazu dient, ein Objekt zu identifizieren.

Nachfolgend wird die Syntax von Namen definiert, in Pascal heißen sie **Bezeichner** oder **identifier**:

Bezeichner

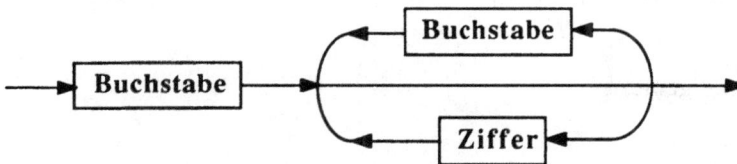

<u>Übung 6</u>: Welche der nachfolgenden Objekte sind Bezeichner?

Zwei   2   Dollar   Mal2 $ 2mal   'Bezeichner'   Häufigkeit   R2D2
Ruß   ein Name   pASCAL   gesuchtes Zeichen

<u>Übung 7:</u> Bitte führen Sie die Beschreibung der betrachteten virtuellen Maschine nach den bisher vorgenommenen Präzisierungen aus.

Die Semantik der Datentypen

Die äußere Formgebung der Objekte vom Typ integer, char und string ist durch die Syntaxdiagramme festgelegt worden. Wie diese Objekte zu interpretieren sind, soll nun durch die Beschreibung der Semantik definiert werden. Dabei wird sich herausstellen, daß Objekte, die von einer DV-Anlage verarbeitet werden können, zwar in groben Zügen mit ihren Entsprechungen aus dem "täglichen Leben" übereinstimmen, aber in manchen Eigenschaften Besonderheiten aufweisen.

Semantik des Typs integer

Im wesentlichen entsprechen Objekte vom Typ integer den aus der Mathematik bekannten ganzen Zahlen. Es gibt jedoch einen wesentlichen Unterschied: während es keine größte oder kleinste ganze Zahl gibt, existieren im Gegensatz dazu kleinste und größte Werte, die ein integer-Objekt annehmen kann.

Man kann sich die Menge aller integers folgendermaßen vorstellen:

- type integer = $(c_1, c_2, \dots, c_n)$

Die Menge aller integers besteht aus endlich vielen, voneinander verschiedenen Konstanten. Üblicherweise gilt:

c_1 = -32768 (**mininteger**) und
c_n =   32767 (**maxinteger**)[5].

Diese Anreihung $c_1, c_2, \dots, c_n$ von integers schöpft alle möglichen Werte dieses Typs aus.

- Diese sind geordnet:

$c_1 < c_2 < \dots < c_n$,

wie man es auch von den ganzen Zahlen kennt. Auch die nächste Eigenschaft haben sie mit den ganzen Zahlen gemeinsam:

- Es gibt je einen **Nachfolger succ**[6] und einen **Vorgänger pred**[7] eines integers mit den Ausnahmen für die größten und kleinsten Werte:
$c_{i+1} = \text{succ}(c_i)$ (z. B.: 15 = succ(14) oder -67 = succ(-68))
für alle i von 1 bis n-1, d.h.: c_n oder maxint, der größte integer, hat keinen Nachfolger;

$c_i = \text{pred}(c_{i+1})$ (z.B.: 55 = pred(56) oder -747 = pred(-746))
für alle i von 1 bis n-1, d.h.: c_1 oder minint, der kleinste integer, hat keinen Nachfolger.

- Folgende Operationen seien zunächst mit integers möglich:

+ (Addition), - (Subtraktion) und * (Multiplikation) in der üblichen Bedeutung, darüberhinaus gibt es spezielle Divisionsoperationen, die mit integers vorgenommen werden können, nämlich
/ : die normale Division, die aus dem Bereich der integers hinausführt,
z.B.: 5/3 führt auf den Wert des Bruchs "fünf Drittel", der bekanntlich keine ganze Zahl ist,

---

[5] Die merkwürdig erscheinende Größenbegrenzung n = 65.536 sieht im Zahlensystem zur Basis Zwei schon plausibler aus: $65.536_{10} = 2^{16} = 1000000000000000_2$. Siehe auch Abschnitt 1.1.4.2.
[6] engl. *successor*, Nachfahre
[7] engl. *predecessor*, Vorgänger, Vorfahre

div : eine ganzzahlige Division, die angibt, wie oft der Nenner im Zähler enthalten ist,
z.B.: 5 div 3 = **1**, denn "5 : 3 = 1 Rest 2" und
mod : der Rest nach Teilung:
z.B.: 5 mod 3 = **2**, denn "5 : 3 = 1 Rest **2**"

Man kann die Rechenstruktur von Typen auch durch ihre **Signatur**[8] darstellen, die angibt, welchen Typs die beteiligten Operanden und das Ergebnis sind:

Signatur von integer

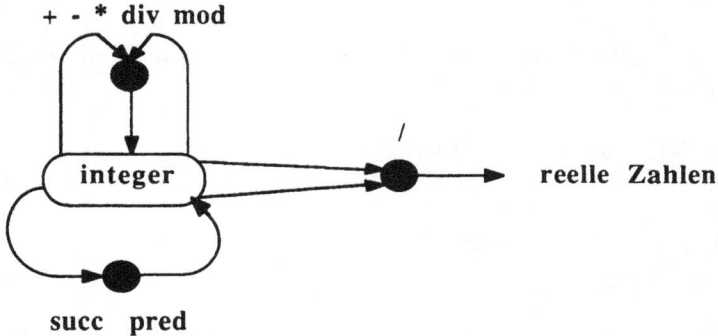

Bemerkenswert an obigem Diagramm (und an den Signaturen aller anderen Typen auch) ist, daß der Typ des Ergebnisses einer Operation nur von den beteiligten Operanden und der Rechenoperation abhängt, d.h. welche integers man auch bei der Operation / benutzt, das Ergebnis ist nie vom Typ integer!

Übung 8: Was kann man über den Wert und den Typ folgender Ausdrücke aussagen?

32000 + 3712
pred(-20000-12768)
10/5
10 div 5
10 mod 5

Semantik des Typs char

Der Typ der Zeichen besitzt eine ähnliche Semantik wie die der integers. Auch die char- Elemente bestehen aus endlich vielen, voneinander verschiedenen

---

[8] nach Dosch, Zur Didaktik der Datenstrukturen, Informatik-Fachberichte 90, Berlin 1984, S. 139 ff

Konstanten:

- type char = $(c_1, c_2, \dots, c_n)$

Welche dies im einzelnen sind, hängt von der jeweiligen Basismaschine ab, vor allem vom Sonderzeichenvorrat.

- Auch die char sind geordnet, entsprechend der Ordnung im Alphabet:

$c_1 < c_2 < \dots < c_n$

So gilt z.B.: 'A' < 'B' oder auch '3' < '4'.

Auch für char gibt es die Vorgänger- und Nachfolgerfunktion, wiederum mit der Ausnahme für die Randwerte:

$c_{i+1} = succ(c_i)$ (z. B.: '7' = succ('6'))
für alle i von 1 bis n-1

$c_i = pred(c_{i+1})$ (z.B.: 'f'= pred('g'))
für alle i von 1 bis n-1

Operationen mit char-Werten sollen hier noch nicht thematisiert werden, sondern im Zusammenhang mit der

Semantik von string

- Ein string ist eine Sequenz von Buchstaben, Ziffern und Sonderzeichen.

- Ein string hat eine dynamische (veränderbare) Länge.

- Diese Länge ist nach oben begrenzt, die Grenze selbst ist implementierungsabhängig.

- Strings sind lexikographisch geordnet, basierend auf der Ordnung der char, z.B.:

'ABCD' < 'ACCD'   oder   'R' < 'R␣'

- Der **Leerstring** '' liegt vor allen anderen, z.B.: '' < '␣'.

Der Unterschied von string zu den beiden vorigen Typen besteht u.a. darin, daß die Menge der möglichen Objekte vom Typ string nicht endlich ist, solange man nicht ihre maximale Länge festlegt. Auch gibt es keinen letzten oder größten string, ebensowenig einen Vorgänger. Außerdem gehören die strings zu den **strukturierten Typen**, denn sie sind aus elementaren Bestandteilen (den Buchstaben, Ziffern und Sonderzeichen) zusammengesetzt.

- Welche Operationen mit strings man als grundlegend ansieht, ist Auffassungssache. Es ist klar, daß man an strukturierten Objekten eine Vielzahl von Operationen vornehmen und diese auf eine kleine Zahl von Grundoperationen zurückführen kann. Hier wird deshalb ein Satz von Grundoperationen mit strings und chars vorgeschlagen. Man wird i. allg. bei einer Pascal-Basismaschine nicht diesen Satz vorfinden, aber es ist immer möglich, sich diese Operationen einzurichten. Das Verfahren, wie man dies tut, wird im Abschnitt 1.2.1 "Funktionen" besprochen. Überhaupt ist es ratsam, sich einen Satz von Grundoperationen für alle Typen anzulegen, man kann sich dann immer alle denkbaren Operationen aus den verfügbaren Grundoperationen zusammensetzen.
Sei im folgenden s ein string und x ein char. Der von uns benutzte Satz von Grundoperationen soll nun bestehen aus[9]:

- der Bestimmung der Länge oder Anzahl der Zeichen im string, das Resultat ist natürlich vom Typ integer: **length(s):integer**
z.B.: length('Mai') = 3
     length('') = 0
     length(' ⊔ ') = 1
- der Anfügung eines char an den Anfang eines strings, mit einem string als Resultat: **append(x,s):string** ,
z.B.: append('A','meise') = 'Ameise'
- die Bestimmung des ersten Zeichens eines nichtleeren strings mit einem char als Resultat: **first(s):char**
z.B.: first('Knopf') = 'K'
     first('') : undefiniert
- der Wegnahme der ersten Zeichens von einem nichtleeren string mit einem string als Resultat: **rest(s):string**
z.B.: rest('Knopf') = 'nopf'
- der Anfügung eines char am Ende eines strings mit dem Resultat string:
stock(s,x):string
z.B.: stock('!&)','(') = '!&)('
- die Bestimmung des letzten Zeichens eines nichtleeren strings, liefert char:
last(s):char
z.B.: last('Apfelkuchen') = 'n'
- der Wegnahme des letzten Zeichens von einem nichtleeren string, liefert string: **upper(s):string**
z.B.: upper('CXXIV') = 'CXXI'

---

[9] Diese Operationen wird man höchstens vereinzelt In Pascal-Systemen vorfinden; sie gehören nicht zum Standard.

Signaturen von char und string

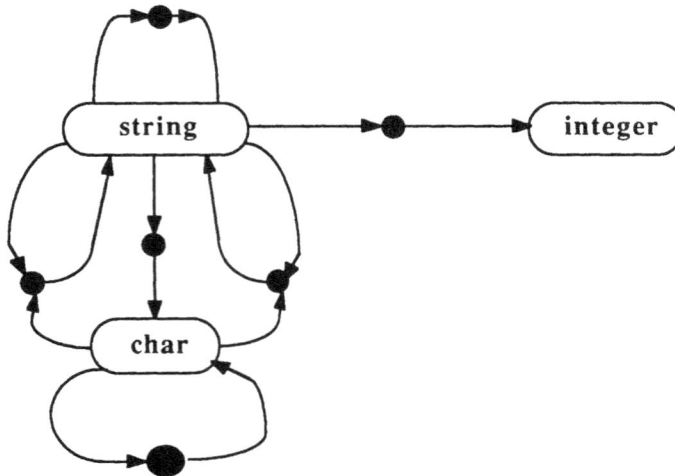

Übung 9: Tragen Sie in obenstehende Signatur die Operationen ein, die zwischen den aufgeführten Datentypen vermitteln:
rest, upper, length, last, first, stock, append, succ, pred

Am Beispiel der strings kann man erkennen, in welcher Weise in einer DV-Anlage mit der Bedeutung (Semantik) von Informationen umgegangen wird: alle Informationen werden auf Daten reduziert; die Bedeutung dieser Daten beschränkt sich auf einige technische Einzelheiten, etwa die möglichen Manipulationen an ihnen. Eine Bedeutung im alltäglichen Sinne haben die Daten allerdings nicht mehr. Die Bedeutung eines Textes, z.B. eines Gedichts oder einer Mitteilung, reduziert sich darauf, daß man diese Texte lexikographisch ordnen, ihre Länge ermitteln oder das erste Zeichen von ihnen entfernen kann. Bedeutung im eigentlichen Sinne ist in Automaten (bislang?) nicht darstellbar. Dieses Problem der Repräsentation von Bedeutungen und damit von Lebenszusammenhängen ist eng mit dem der Künstlichen Intelligenz verbunden und bislang nicht gelöst. Möglicherweise ist es überhaupt unlösbar. Nur der Mensch scheint dazu in der Lage zu sein, Daten eine wirkliche Bedeutung zu geben.

Klassifikation der Datentypen

Es ist offensichtlich, daß die Typen integer und char gewisse Eigenschaften gemein haben, wohingegen der Typ string eine grundsätzlich andersartige Bauart aufweist. Es deutet sich mithin an dieser Stelle eine erste Klassifikation der Datentypen an.

Auf oberster Stufe ist ein Unterscheidung zwischen einfachen und strukturierten Datentypen naheliegend:
- **einfache Datentypen** umfassen Werte, die nicht weiter unterteilbar (atomar) sind, wohingegen
- **strukturierte Datentypen** Werte besitzen, die aus Konstanten einfacher Typen aufgebaut sind.
Offensichtlich zählen integer und char zu den einfachen und string zu den strukturierten Typen.

Die Übereinstimmungen zwischen integer und char gehen jedoch noch über ihre gemeinsame Zugehörigkeit zu der Klasse der einfachen Datentypen hinaus. Beide Typen fallen unter die Klasse der
- **skalaren Datentypen**: die Werte eines skalaren Typs sind vollständig aufzählbar, umfassen nur endlich viele atomare Konstanten, lassen sich ordnen und den Operationen succ und pred unterwerfen.

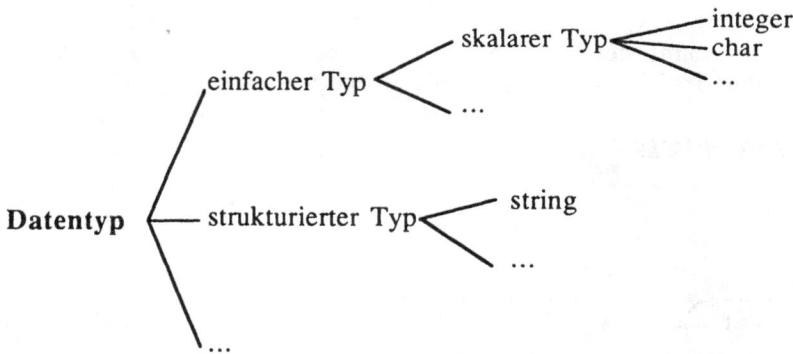

Übung 10: Welche der Eigenschaften skalarer Datentypen treffen auf den Typ string zu, welche nicht?

Gehört der noch zu präzisierende Typ der Dezimalzahlen zu den skalaren Datentypen?

Vorläufig soll hiermit die Beschreibung von Syntax und Semantik der ersten drei Datentypen abgeschlossen werden.

1.1.1.4 Syntaktische Grobstruktur eines Algorithmus

Mit der Übernahme einiger Konventionen aus der Syntax unserer Entwurfssprache Pascal läßt sich der Algorithmusentwurf weiter präzisieren. Zunächst soll die Form, mit der die Grobstruktur eines Algorithmus zu notieren ist, dargestellt werden.

Programm

→(program)→| Bezeichner |→(;)→
↓
(.)←| Anweisungsfolge |←| Vereinbarungsfolge |←

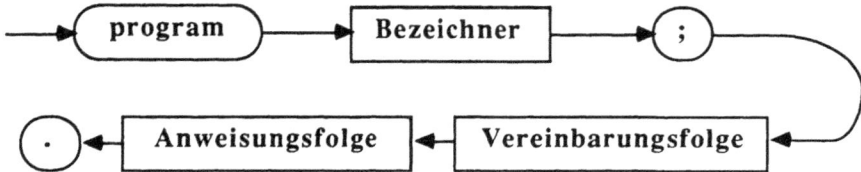

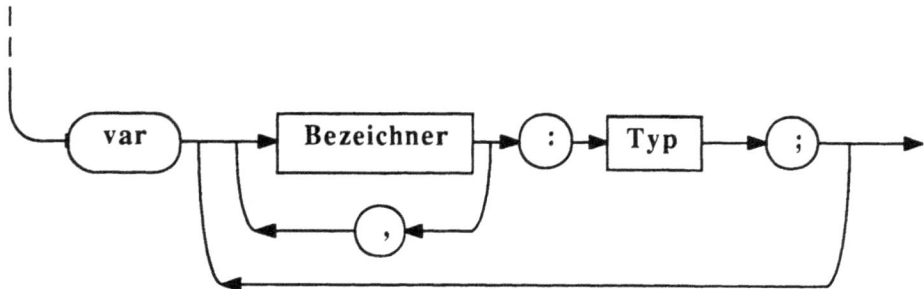

In dieser Grobstruktur spiegelt sich auch das Vorgehen bei der Konzeption einer automatischen Problemlösung wider: Zunächst wird das Problem benannt, dafür steht der Bezeichner (s.o.). Anschließend werden in der **Vereinbarungsfolge** die Ein-/Ausgabeobjekte sowie die in diesem Programmteil benutzten virtuellen Maschinen benannt und beschrieben sowie schließlich in der **Anweisungsfolge** festgelegt, was im einzelnen mit den Objekten geschehen soll.

Die Beschreibung der Vereinbarungsfolge beschränkt sich zunächst auf die Präzisierung der Ein- und Ausgabeobjekte und hat folgende (vorläufige) Syntax:

Vereinbarungsfolge

→(var)→| Bezeichner |→(:)→| Typ |→(;)→
    ↑←(,)←↓

Unter die syntaktische Kategorie "Typ" sollen zunächst einmal "integer", "char" oder "string" fallen; die Beschreibung der benutzten virtuellen Maschinen wird im Abschnitt 1.2 thematisiert.

Die Anweisungsfolge besteht aus einzelnen Anweisungen, getrennt durch Semikolons:

Anweisungsfolge

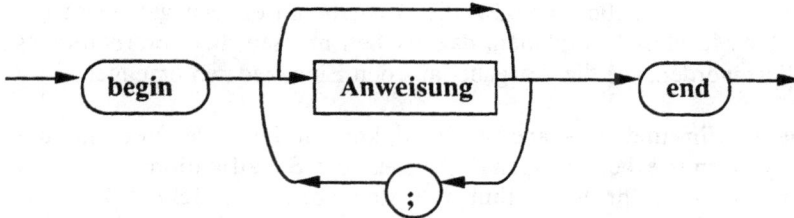

Freie Texte in Algorithmusbeschreibungen, die keinen Einfluß auf die Arbeit der Benutzermaschine haben sollen und nur der Dokumentation dienen, nennt man **Kommentare**. Ihre Syntax lautet:

Kommentar

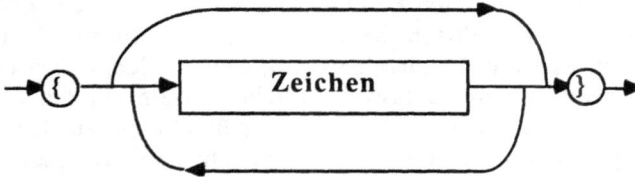

Kommentare haben offensichtlich syntaktisch große Ähnlichkeit mit strings; sie unterscheiden sich von ihnen nur durch die anderen Begrenzungszeichen.

Übung 11: Notieren Sie der Syntax entsprechend die Schritte 1.1. (Beschreibung der Benutzermaschine) für das Beispielproblem, erläuternde Texte (Kommentare) sollen dabei in Schweifklammern "{", "}" eingeschlossen werden (s.o.).

1.1.1.5 Strukturelemente von Algorithmen

Der erste Schritt beim Entwurf der Anweisungsfolge eines Algorithmus besteht zunächst in einer (nicht notwendigerweise formalen) Beschreibung der geplanten Verarbeitungsschritte. Später, wenn die grundlegende Vorgehensweise geklärt worden ist, wird die Beschreibung an den Sprachumfang der Basismaschine angepaßt. Dieser Ablauf soll an dem Beispielproblem vorgeführt werden.

Übung 12: Wie läßt sich die Anweisungsfolge des Algorithmus "Zeichenzahl" umgangssprachlich beschreiben?
Versuchen Sie, eine informelle Beschreibung anzufertigen; denken Sie dabei an das EVA-Prinzip, d.h.: Ihre Algorithmusbeschreibung muß die Übernahme der

wesentlichen Daten von anderen virtuellen Maschinen oder von Eingabegeräten
vorsehen (dies sind die Eingabedaten der betrachteten virtuellen Maschine) und
die Abgabe des Ergebnisses bzw. die Ausgabe an ein Ausgabegerät (die Ausgaben der Maschine) einplanen, dazwischen müssen die Verarbeitungsschritte
formuliert werden, die die Ausgabe- aus den Eingabedaten erzeugen.

Welche die Ein- und Ausgabedaten sind, können Sie an der Vereinbarungsfolge
des Algorithmus erkennen, der im Verlauf der Spezifikationsphase entwikkelt
worden ist. Was Ihr Algorithmus leisten soll, sagt Schritt 1.1.4 aus, der
ebenfalls im letzten Abschnitt vorgenommen wurde. Lassen Sie sich bei der
Beschreibung durchaus davon leiten, wie Sie selbst ein solches Problem lösen
würden. Gehen Sie der Einfachheit halber zunächst davon aus, daß alle Eingaben von Eingabegeräten kommen und alle Ausgaben an Ausgabegeräte gesandt
werden.

Sicherlich werden in der ersten Beschreibung Formulierungen vorkommen, die
noch präzisiert werden müssen, bevor man die Ausführung dem Automaten
überlassen kann. Es ist auch wünschenswert, sich bei dem ersten Entwurf noch
nicht davon beeinflussen zu lassen, welche Regeln im einzelnen für die
Beschreibung und Manipulation der Objekte gelten, denn zunächst muß ja die
richtige Idee gefunden werden. Diese sollte unabhängig davon sein, ob man das
Verfahren "manuell" bewältigt oder von einem Automaten ausführen läßt.

So unterschiedlich die Lösungen des obigen Problems durch verschiedene
Personen auch aussehen mögen, eines ist ihnen sicher gemeinsam: sie bestehen
aus nur drei elementaren

Strukturelementen von Algorithmen:

Jeder Algorithmus kann auf die drei Strukturelemente
- **Sequenz** von Anweisungen,
- **Alternative** Ausführung von Anweisungen und
- **Wiederholung** derselben Anweisungen
zurückgeführt werden[10].
Alle diese Strukturelemente sind selbst Anweisungen.

Unter einer Sequenz versteht man die bloße Abfolge von Anweisungen; die
Hintereinanderausführung.

Eine Alternative besteht aus der Wahl einer von zwei möglichen Anweisungen,
je nachdem, wie ein Test ausgeht, der vorher vorgenommen wird. Umgangs-

---
[10] Es ist Anliegen des **Strukturierten Programmierens**, diese Reduktion vorzunehmen.

sprachlich etwa mit

"wenn ... (hier steht die Bedingung, auf die es ankommt), dann ... (die Anweisung bei zutreffender Bedingung), sonst ... (die Anweisung bei nicht zutreffender Bedingung)"

zu umschreiben. Gelegentlich sieht man auch den Fall der zweiten alternativen Anweisung nicht vor, dann heißt es "wenn ..., dann ...".
Wenn mehrere Anweisungen bei Zutreffen oder Nichtzutreffen der Bedingung auszuführen sind, so markiert man Anfang und Ende der abhängigen Anweisungen mit "Beginn" und "Ende".

Mit Wiederholung bezeichnet man eine Struktur, in der eine Reihe von Anweisungen wiederholt ausgeführt wird, gesteuert von einer Bedingung. Eine informelle Notation könnte etwa so aussehen:

"solange ... (die Bedingung gilt) wiederhole ... (die Anweisungen)". Mit "Beginn" und "Ende" kann angegeben werden, auf welche Anweisungen sich die Wiederholungsstruktur bezieht.

Eine der wichtigsten elementaren **Anweisungen**, die sicherlich auch in "Zeichenzahl" vorkommt, ist die Veränderung der Werte von Objekten. Man kann sie umschreiben mit

"... (Name des Objekts) auf ... (neuer Wert) setzen".

Weitere wichtige Anweisungen sind das Einlesen von Werten über Eingabegeräte und das Ausgeben von Werten über Ausgabegeräte.

Im zweiten Schritt kann man sich nun an die Präzisierung der Algorithmusbeschreibung machen:

<u>Übung 13</u>:
Benutzen Sie lediglich die bereits bekannten Operationen auf den Datentypen und Begriffe wie

"Beginn", "Ende",
"Einlesen von ...", (z.B.: *Einlesen von Zeichen*)
"Ausgeben von ...", (z.B. *Ausgeben von Anzahl*)
"falls ... dann ...", (z.B. *falls Zeichen=first(Text) dann ...*)
"falls ... dann ... sonst ...",
" ... auf ... setzen" (z.B. *Anzahl auf Anzahl+1 setzen* oder *Text auf rest(Text) setzen*),

"solange ... wiederhole" (z.B.: *solange length(Text) ≠ 0 wiederhole ...*) ,

um die Anweisungsfolge von "Zeichenzahl" zu formulieren.

1.1.1.6 Korrespondenz zwischen Vereinbarungs- und Anweisungsfolge

Vereinbarungs- und Anweisungsfolge einer Algorithmusbeschreibung hängen natürlich eng miteinander zusammen. Die wichtigsten Zusammenhänge sind untenstehend aufgeführt:

- Jedes Objekt, das in der Anweisungsfolge benutzt wird, wird in der Vereinbarungsfolge benannt und durch Angabe des Typs beschrieben.

- Die Eingabegrößen werden während des Algorithmuslaufs eingelesen oder von anderen virtuellen Maschinen übernommen, die Ausgabegrößen ausgegeben oder an andere Maschinen weitergeleitet, werden Hilfsgrößen verwandt, so werden diese ebenfalls im Vereinbarungsteil benannt und beschrieben.

- Die Wirkung des Algorithmus muß genau der Spezifikation (Zusammenhang zwischen Eingabe- und Ausgabegrößen) entsprechen. Ob dies der Fall ist, läßt sich anhand der Semantik der Typen und Anweisungen nachprüfen.

1.1.2 Weitere elementare Konzepte der Entwurfssprache

Um vom Programmentwurf, der die Absicht der Systementwickler ausdrückt, zum Programm selbst zu kommen, das diese Absicht realisieren soll, müssen Bau (Syntax) und Bedeutung (Semantik) der Bestandteile der Programmiersprache festgelegt worden sein.
In diesem Abschnitt spielen Wiederholungs- und Entscheidungsstrukturen in Programmen noch keine Rolle, es werden jedoch Syntax und Semantik so grundlegender Vorgänge wie Veränderung von Objekteigenschaften, die Ein- und Ausgabe von Daten sowie komplexere Objektstrukturen thematisiert.

1.1.2.1 Wertzuweisung

Es geht nun um die Einzelheiten einiger elementarer Anweisungen. Bereits informell wurde die Veränderung von Objektwerten oder -inhalten mit "setze ... auf ..." umschrieben. In der Syntax der Basismaschine sieht das so aus:

Wertzuweisung

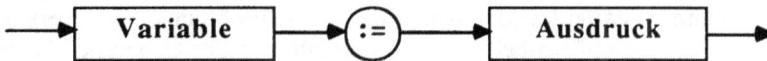

Die syntaktischen Kategorien **Variable** und **Ausdruck** werden später weiter vertieft. Hier nur soviel: Unter "Variable" soll dasjenige Objekt verstanden werden, dessen Inhalt durch die Wertzuweisung verändert werden soll. Welche Variable gemeint ist, wird durch Niederschreiben ihres Bezeichners festgelegt. Der "Ausdruck" auf der rechten Seite der Wertzuweisung gibt an, welchen Wert die Variable auf der linken Seite erhalten soll. Er besteht aus Standardbezeichnungen für Konstanten, etwa

10   -345   'b'   'khv&==0tdk' ,

aus Variablen (s.u.) und Operationen. Beispiele für Ausdrücke sind:

Haeufigkeit + 1
length(text) - 1
first(rest(text)) .

1.1.2.2   Variablenkonzept

Objekte, die während der Arbeit der Automaten in zeitlicher Abfolge verschiedene Werte annehmen können, spielen bei der Programmierung eine große Rolle. Sie dienen meist dazu, Zwischenergebnisse eines Verarbeitungsganges zur späteren Weiterverwendung aufzubewahren.

Variablen sind Objekte, denen ein vom Programmierer manipulierbarer Anteil des Rechnerspeichers zugeordnet ist. Die Zuordnung zwischen Objekt und Speicherplatz erfolgt über den Bezeichner der Variablen.

Man kann festhalten:

- Eine Variable hat einen **Namen** (Bezeichner) und einen, während der Ausführung des Algorithmus möglicherweise wechselnden, **Wert** oder **Inhalt**.

- Der Wert oder Inhalt einer Variablen ist von einem festgelegten **Typ** (z.B. integer, char oder string).

Man kann sich Variablen wie Schließfächer vorstellen; dabei entspricht der Bezeichner einer Variablen der Nummer des Schließfachs, der Wert dem im Fach befindlichen Gepäckstück und der Variablentyp der Größe des Fachs. Wie bei den Schließfächern dient der Name (die Nummer) nur dazu, den Inhalt auffinden zu können; Name und Inhalt von Variablen sind daher genau zu unterscheiden.

- Variablen erhalten Werte (Inhalte) u.a. durch Wertzuweisungen:

$$\underbrace{\textbf{Anzahl}}_{\text{Variable}} \quad \textbf{:=} \quad \underbrace{\textbf{Anzahl+ 1}}_{\text{Ausdruck}}$$

Für die Bestimmung des Werts des Ausdrucks muß zunächst der Inhalt von "Anzahl" gelesen, d.h. dem Rechnerspeicher entnommen werden:

- Es wird **lesend** auf die Variablen **zugegriffen**, die rechts vom ":=" stehen. Der ermittelte Wert wird auf die Variable links vom ":=" zugewiesen, ein evtl. schon vorhandener Wert wird dabei überschrieben:
- Es wird **schreibend** auf die Variablen links vom ":=" **zugegriffen**. Der Inhalt vor dem schreibenden Zugriff geht dabei verloren.

Übung 1: Erfolgt ein lesender oder ein schreibender Zugriff auf eine Variable, wenn ihr Wert von einem Eingabegerät gelesen wird? Welche Zugriffsart liegt bei einer Ausgabe an ein Ausgabegerät vor? Wo wird in Ihrer Algorithmus-beschreibung lesend bzw. schreibend auf Variablen zugegriffen?

- Bevor ein erstes Mal auf eine Variable lesend zugegriffen werden kann, muß ein schreibender Zugriff erfolgt sein.
Analog: bevor man ein Gepäckstück dem Schließfach entnehmen kann, muß eines hineingelegt worden sein.
- Der Inhalt einer Variablen vor dem ersten schreibenden Zugriff ist unde-finiert, die Variable besitzt dann keinen Wert.
- Der Typ eines Ausdrucks, der einer Variablen zugewiesen wird, muß mit dem Typ der Variablen verträglich sein (**Typkompatibilität**). Kompatibilität ist insbesondere immer dann gewährleistet, wenn die Typen übereinstimmen.
Analog: man kann zwar ein kleines Gepäckstück in einem großen Schließfach ablegen, aber nie einen Überseekoffer in einem Fach für Handgepäck. Diese Regel gilt für Schließfächer und Variablen gleichermaßen, denn in beiden Fällen entstehen Platzprobleme, wenn man sie mißachtet: jeder Objekttyp beansprucht im Rechnerspeicher einen seinem Umfang entsprechenden Platz; ein string wie 'Informatik' belegt offensichtlich mehr Speicherplatz als der char 'I'. Deshalb würde es zu Problemen führen, einen string auf eine char-Variable zuzuweisen.

Übung 2: Formulieren Sie die Problemlösung für "Zeichenzahl" unter Berück-sichtigung aller bisher behandelten syntaktischen und semantischen Regeln.

1.1.2.3   Exkurs: manuelle Programmüberprüfung

Im Schema zum strukturierten Programmentwurf ist in einer frühen Phase der Realisation der "Schreibtischtest" vorgesehen. Darunter ist eine Überprüfung der Programmplanung zu verstehen, die nicht am Rechner, sondern allein anhand des Programmtextes "von Hand" vorgenommen wird. Eine Reihe von Entwurfsfehlern läßt sich so schon relativ früh erkennen und beheben.

Ein Hilfsmittel, das in dieser Phase mit Vorteil eingesetzt werden kann und mit dem leicht Programmfehler aufzudecken sind, ist die **Trace-Tabelle**[11]. Sie hat den weiteren Vorteil, dem Programmierer einen besseren Eindruck von der Arbeitsweise des geplanten Algorithmus zu vermitteln. Eine Trace-Tabelle zeichnet die Werte der am Algorithmus beteiligten Variablen während des Programmlaufs anhand eines Beispiels auf, beschreibt also die nacheinander vom Rechnerspeicher eingenommenen Zustände[12].

---

[11] engl. *trace*, Spur
[12] Manche Programmiersysteme bieten einen solchen Dienst an, so daß man hierzu mit Vorteil einen Rechner einsetzen kann.

Die erste Zeile der Tabelle enthält alle Variablennamen, die im Programm-
abschnitt, der betrachtet wird, vorkommen. Die darunterliegenden Zeilen enthalten die Werte der Variablen. Sobald eine Variable einen neuen Wert erhält,
die betrachtete Maschine also ihren Zustand ändert, wird der geänderte Wert an
entsprechender Stelle der Tabelle notiert.

Übung 3: Hier sollen Sie Ihren Algorithmus "Zeichenzahl" anhand des Beispiel-
textes 'AABBCD' mit dem gesuchten Zeichen 'B' mit der Trace-Tabelle überprüfen. Tragen Sie für jeden Programmschritt die Werte der Variablen in eine
Tabelle ein, die Anfangswerte sind schon notiert worden:

Schritt Nr.	Text	Zeichen	Anzahl
	'AABBCD'	'B'	

...

Falls Ihre Problemlösung einen Fehler enthalten sollte, der sich bei diesem
Beispiel auswirkt und Sie Ihre eigenen Programmanweisungen gewissenhaft
ausgeführt haben, sollte der Fehler aufgefallen sein.

Wie bei allen Testverfahren gilt auch hier: ein Test weist bestenfalls die
Anwesenheit von Fehlern nach, nie deren Abwesenheit; durch Testen läßt sich
also nicht beweisen, daß ein Programm fehlerfrei ist[13].
Das Problem, Fehler in Programmen aufzufinden und zu entfernen, ist bislang
noch nicht gelöst worden. Es ist eine Erfahrungstatsache, daß in allen längeren
Programmen, trotz großer Vorsicht und Sorgfalt bei der Entwicklung, noch
Fehler enthalten sind, die früher oder später zu einer Fehlfunktion des
Programms führen. Es liegt auf der Hand, daß dieser Umstand, vor allem beim
Rechnereinsatz in sicherheitsempfindlichen Bereichen, zu schwerwiegenden
Bedenken Anlaß geben muß.

1.1.2.4 Syntax und Pragmatik des Datentyps array

Anhand unseres Beispielproblems soll nun ein weiterer Datentyp eingeführt
werden:

Bei der Entschlüsselung von Texten interessiert natürlich nicht nur, wie oft ein
einzelnes Zeichen in einem Text vorkommt, sondern es muß ermittelt werden,
wie oft jedes Zeichen des Textes auftritt, um anschließend eine Häufig-
keitsanalyse vornehmen zu können. Bei der Lösung des Problems "von Hand"

---

13 siehe auch Abschnitt 1.3.

würde man sicherlich eine Tabelle entwerfen, die für jedes Zeichen die entsprechende Anzahl seines Vorkommens festhält. In diesem Abschnitt geht es gerade um einen Datentyp, der solche Tabellen modellieren kann.

Zunächst müssen Spezifikation und Planung vorgenommen werden:

1. Beschreibung der Komponente
Name: zeichenzahltabelle
1.1.1 Eingaben: Text:string {der Einfachheit halber soll hier vorausgesetzt werden, daß der Text nur aus Kleinbuchstaben besteht}
1.1.2 Reaktion der Komponente: sie ermittelt für jedes Zeichen zwischen 'a' und 'z' die Anzahl im Text in legt diese in Tabellenform ab.
1.1.3 Ausgaben: Anzahltabelle: Reihung von 'a' bis 'z' von integer (was eine Reihung genau ist, soll noch präzisiert werden).
1.1.4 Zusammenhang zwischen Ein- und Ausgaben: Zu jedem Zeichen enthält "Anzahltabelle" an der entsprechenden Stelle die Anzahl von "Zeichen" im "Text".

2. Planung
2.1 Die Komponente "zeichenzahltabelle" stützt sich bei ihrer Arbeit auf die Komponente "zeichenzahl".
2.2 Die Schnittstellen zwischen "zeichenzahltabelle" und "zeichenzahl" bestehen in der Übergabe des Textes und des einzelnen Zeichens von "zeichenzahltabelle" an "zeichenzahl" und der Übergabe der jeweiligen Anzahl in umgekehrter Richtung.

Präzisierung des Objekts "anzahltabelle"

Die anzahltabelle ist ein strukturiertes Objekt, bestehend aus **Elementen** oder **Komponenten**, die mit einem **Index** versehen sind.
Ein bestimmtes Element kann durch seinen Index charakterisiert werden, dessen Typ bestimmte Eigenschaften besitzen muß. So ist klar, daß der Indextyp aus wohlunterscheidbaren, aufzählbaren Konstanten bestehen muß, auf die die Nachfolger- und Vorgängerfunktion anwendbar sein muß, denn mit Hilfe des Index werden die Elemente der Reihung abgezählt. Offensichtlich muß der Indextyp ein skalarer Typ (bislang also integer oder char oder Ausschnitte davon) sein. Der Typ der Elemente ist beliebig.

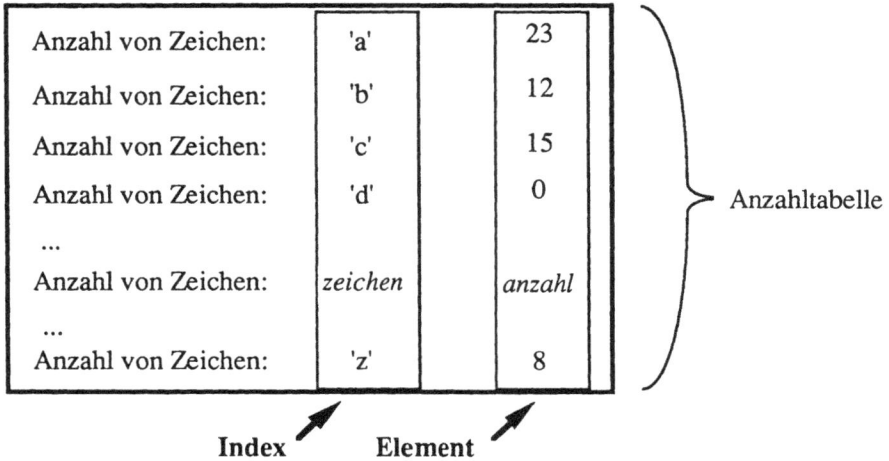

Anzahl von Zeichen:	'a'	23	⎫
Anzahl von Zeichen:	'b'	12	
Anzahl von Zeichen:	'c'	15	
Anzahl von Zeichen:	'd'	0	⎬ Anzahltabelle
...			
Anzahl von Zeichen:	*zeichen*	*anzahl*	
...			
Anzahl von Zeichen:	'z'	8	⎭

                    Index   **Element**

Die Datenstruktur, die die Reihung beschreibt, besteht somit aus einzelnen Elementen, die jeweils einem bestimmten Index zugeordnet sind. Die Standardbezeichnung eines solchen strukturierten Typs ist **array**[14], im deutschen Sprachraum **Feld**). Die Syntax dieses Typs lautet:

array

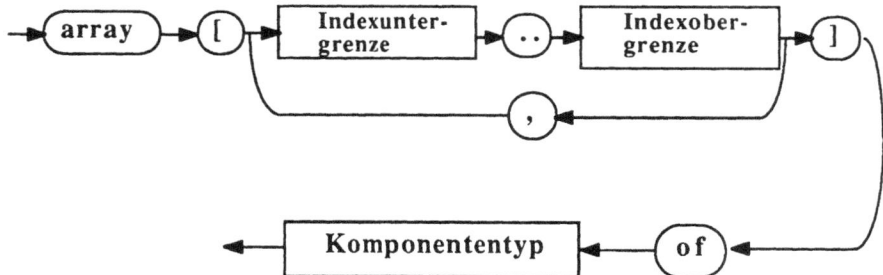

Das Paar der Indexunter- und -obergrenzen gibt an, welche der erste und der letzte Index sein sollen, mit dem Elemente bezeichnet werden können. Diese beiden Angaben müssen von einem skalaren Typ sein (z.B. integer oder char). "Komponententyp" ist natürlich der Typ des Elementes (der Komponente).
Zunächst soll in der Vereinbarung nur ein Indexpaar benutzt werden.

Übung 4: Entwickeln Sie die Vereinbarungsfolge der Komponente "zeichenzahltabelle". Beachten Sie dabei, daß Sie auch für diejenigen Objekte, die Sie von einer anderen Komponente des Programms (hier "zeichenzahl") geliefert bekommen, Variablen einrichten. Vermerken Sie als Kommentar, welcher anderer Programmkomponenten sich die betrachtete Komponente bedient.

---

[14] engl. *array*, Reihe

Zugriff auf einzelne Feldelemente

Bei jedem strukturierten Datentyp muß es Methoden geben, die Struktur des betreffenden Objekts zu zerlegen, um so auf einen seiner Bestandteile zuzugreifen. Bei strings z.B. sind "first" und "rest" solche Zerlegungsoperationen, die eine Zeichenkette wieder in ihr erstes Zeichen und die Kette der übrigen Zeichen zerlegen kann. Bei arrays bietet es sich an, den Zugriff auf die Strukturbestandteile über den Index vorzunehmen.

Ein einzelnes **Feldelement** wird durch Nennung des Feldnamens und Angabe des Index spezifiziert:

Feldelement

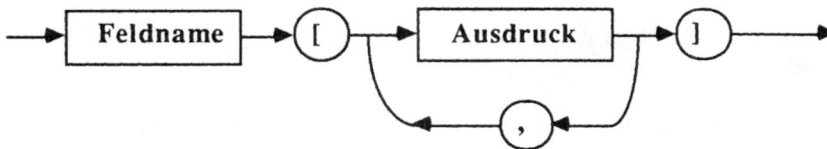

Hinweis: Zunächst wird bei der Spezifikation eines Feldelements nur <u>ein</u> Ausdruck benutzt. Der Typ des Ausdrucks muß mit dem Typ der Indexe in der Vereinbarung verträglich sein.

Übung 5: Wie lautet die korrekte Schreibweise für die Anzahl des Zeichens 'g', des Zeichens 't', des Zeichens, welches der Inhalt der Variable "Zeichen" ist?

Ein erstes Konzept für "zeichenzahltabelle" könnte etwa so aussehen:

```
program Zeichenzahltabelle;
{Vereinbarungsfolge, bitte den Entwurf hier eintragen}




begin
{Vorbereitung}
Einlesen von Text;
zeichen auf den Anfangswert 'a' setzen;
solange zeichen noch nicht hinter 'z' wiederhole
```

Beginn
zeichenzahl die Anzahl von zeichen im Text ermitteln lassen;
Element von anzahltabelle, das zu zeichen gehört, auf den Wert von
anzahl setzen;
zeichen durch seinen Nachfolger ersetzen
Ende;
anzahltabelle ausgeben
end.

Nun sollen alle Bestandteile des Algorithmus, die schon näher präzisierbar sind,
den Konventionen entsprechend formuliert werden.

Feldzugriff und Wertzuweisungen formalisieren

zeichen auf den Anfangswert 'a' setzen:
zeichen:='a'

*Element von anzahltabelle, das zu zeichen gehört, auf den Wert von anzahl
setzen*
anzahltabelle[zeichen] := anzahl

zeichen durch seinen Nachfolger ersetzen
zeichen := succ(zeichen)

Übung 6: Angenommen, es wäre auf der Basismaschine nicht möglich, ein
ganzes Feld in seiner Gesamtheit auszugeben, sondern nur seine einzelnen
Elemente nacheinander, wie sähe das kurze Programmstück aus, das dies leisten
würde?

Es werden nun Felder besprochen, deren Elemente selbst Felder sind:

1.1.2.5   Mehrstufige arrays

Ein solcher Feldtypus ist z.B. in Form eines Schachbretts bekannt: Eine Zeile
eines Schachbretts sieht so aus:

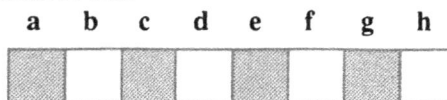

Es bietet sich an, so etwas folgendermaßen zu beschreiben
zeile : array['a' .. 'h'] of schachfeld

wobei ein Schachfeld beschrieben werden kann mit:
type schachfeld = (Bauer, Laeufer, Turm, Springer, Dame, Koenig, leer),
einem Beispiel für einen selbst definierten Datentyp.

Übung 7: Wenn ein König auf zeile['f'] steht, wohin kann er sich noch in der
Zeile bewegen? Wohin, wenn er auf zeile[X] steht (X:char)?

2. Faßt man ein ganzes Schachbrett zu einer Gesamtheit zusammen, so läßt es
sich als array von Schachbrettzeilen auffassen:
schachbrett : array[1 .. 8] of array['a' .. 'h'] of schachfeld
<-   Komponententyp   ->

Übung 8: Wohin kann ein Springer ziehen, wenn er auf schachbrett[5]['e'] steht,
wohin, wenn er auf schachbrett[i][X] steht (i:integer, X:char)?

Zur **Vereinfachung der Schreibweise** soll die Übereinkunft getroffen werden: statt
schachbrett : array[1 .. 8] of array['a' .. 'h'] of schachfeld kann man schreiben:
schachbrett : array[1 .. 8,'a' .. 'h'] of schachfeld, statt
schachbrett[i][X] soll auch
schachbrett[i,X]
geschrieben werden können.
Auf diese Weise erhält man eine Notation, bei der mehrere Paare von Indexen
vorkommen (siehe Syntaxdiagramm).

1.1.2.6 Semantik des Typs array

Bei der Diskussion der Semantik eines strukturierten Datentyps steht die Interpretation der Strukturierungsmethode im Mittelpunkt. Im Falle der arrays ist demzufolge festzulegen, wie die Indexe und die array-Komponenten zu interpretieren sind und welche wechselseitige Abhängigkeit zwischen ihnen besteht.

Sei nun
var T : **array**[m .. n] **of** Komponententyp
ein array T, dessen Semantik beschrieben werden soll.

1. Wann ist eine array-Komponente zulässig, d.h. Bestandteil des strukturierten Objekts T?

T[i] ist genau dann ein zulässiges Element von T, wenn $m \leq i \leq n$ und es vom Typ Komponententyp ist, d.h., wenn der Index innerhalb der angegebenen Grenzen liegt und der Komponententyp korrekt ist.

Bsp.:
var A : **array**[1 .. 10] **of char**

A[2] ist ein zulässiges Element von A, wenn A[2] ein char ist.
A[12] ist kein zulässiges Element, weil nicht $12 \leq 10=n$ (Index überschreitet zulässigen Bereich).

2. Wie ist ein mehrstufiger array zu interpretieren?
array[m .. n,i .. j] **of** Komponententyp meint array[m .. n] of array[i .. j] of Komponententyp
Die Interpretation ist so rekursiv[15] auf einen array niedrigerer Stufe zurückgeführt worden.

Bsp.:
var B: **array**[1 .. 20,0 .. 700] **of integer** meint
var B: **array**[1 .. 20] **of array**[0 .. 700] **of integer** oder
var B: **array**[1 .. 20] **of** Komponententyp mit dem Typ Komponententyp, der sich als "**array**[0 .. 700] **of integer**" beschreiben läßt.
3. Jedes zulässige Element von T (s.o.) hat die Semantik von Komponententyp.
Bsp.:
var A : array[1 .. 10] of char
A[5] als zulässiges Element von A hat die Syntax und Semantik einer char-Konstanten oder einer char-Variablen, so muß z.B. ihr Wert (Inhalt) in dem gültigen Zeichensatz des Systems enthalten sein. Eine Wertzuweisung wie

---

[15] Rekursiv: bis zu bekannten Anfangswerten zurückgehend.

A[5] := 2
ist unzulässig, weil 2 keine char-Konstante ist, wohl aber
A[5] := '2'
oder
A[5] := succ(A[5])

Übung 9: Sei F : **array**[-10 .. 10] **of string** und F[k] ein Element von F.
Geben Sie Beispiele für semantisch zulässige und unzulässige Operationen mit k
und F[k].

1.1.2.7 Konstanten

bezeichnen benannte Speicherplätze im Rechner, deren Werte über den Programmlauf unveränderlich bleiben. Sie sind im Prinzip entbehrlich, da man
auch Variablen zu diesem Zweck verwenden könnte, mit der nur eine einzige
Wertzuweisung vorgenommen wird, stellen aber ein wichtiges Hilfsmittel zur
Fehlerbegrenzung in Programmen dar.

Auf die Werte von Konstanten kann **nur lesend** zugegriffen werden. Ihr Wert
wird in der Vereinbarungsfolge des Algorithmus angegeben, zusammen mit
dem Namen der Konstanten. Der Name der Konstanten steht im Algorithmus
synonym für ihren Wert.

Beispiele:
- Kreiszahl π (ist eine Dezimalzahl, der Typ wurde noch nicht beschrieben),
- Unter- und Obergrenzen des auszuzählenden Zeichenbereichs in "zeichen-
zahltabelle"

Der Vorteil, mit dem Konstanten in Algorithmusbeschreibungen verwendet
werden können, liegt
- in der Möglichkeit, Werte mit sprechenden Bezeichnungen zu versehen (statt
'a' etwa "Indexuntergrenze" oder statt 3.1415926535897... etwa "Pi") und
- der Vermeidung von **Redundanzen**[16] im Programmtext: ein mehrfach
vorkommender Wert wird ein einziges Mal vereinbart und später ausschließlich
über seinen Bezeichner angesprochen. Eine Konstantenänderung ist damit zen-
tral an nur einer Stelle im Programm notwendig.

---

[16] Redundanz: überflüssiger Informationsgehalt bei der Übermittlung von Nachrichten.

Konstantenvereinbarung

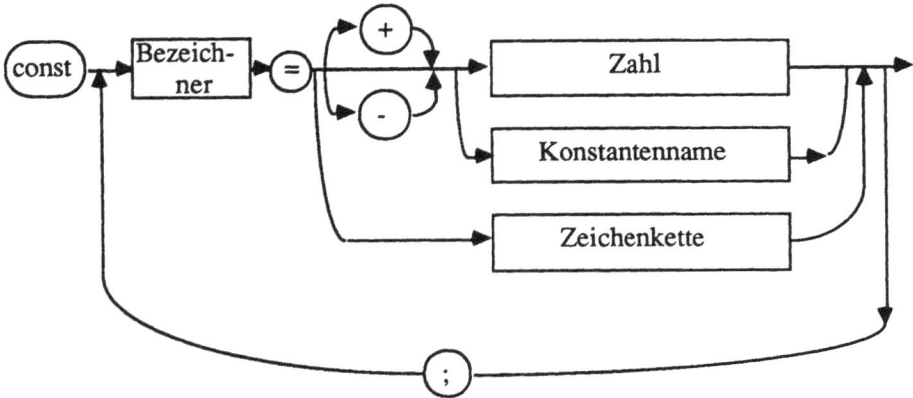

Stellung der Konstantenvereinbarung

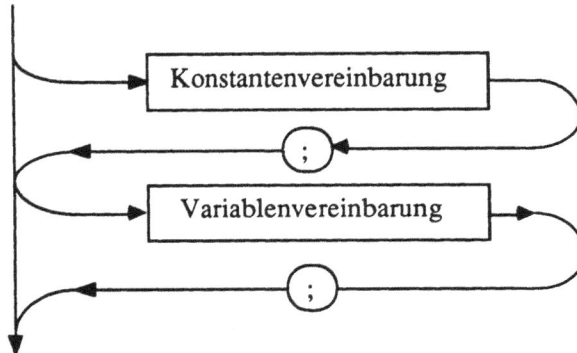

Übung 10: Vereinbaren Sie die Indexunter- und obergrenzen in "zeichenzahl-tabelle" als Konstanten und formulieren Sie Vereinbarungs- und Anweisungs-folge des Algorithmus unter Verwendung dieser benannten Werte.
Welche Änderung muß am Programm vorgenommen werden, um alle Zeichen zwischen 'A' und 'z' zu verarbeiten? Nehmen Sie hierfür an, die Großbuch-staben lägen lexikographisch geschlossen vor den Kleinbuchstaben.

1.1.2.8 Eingabeanweisung

Eingabe-/ Ausgabe- (E/A-) Anweisungen ermöglichen und verursachen eine Kommunikation zwischen dem Rechner und den E/A-Geräten (Tastatur, Lochkartenleser, Magnetband- oder Disketteneinheit als Eingabegeräte; Bildschirm, Drucker, Magnetband oder Disketteneinheit als Ausgabegeräte). Variablenwerte können so während des Programmlaufs vom Benutzer festgelegt werden.

Lesen (Eingeben) von Werten:

<u>Wirkung der **read-Anweisung**</u>

Der Algorithmuslauf wird unterbrochen und es muß eine Eingabe auf das Eingabegerät (hier: Tastatur) erfolgen. Der eingegebene Wert wird der (den) angegebenen Variablen zugewiesen.

<u>read-Anweisung</u>[17]

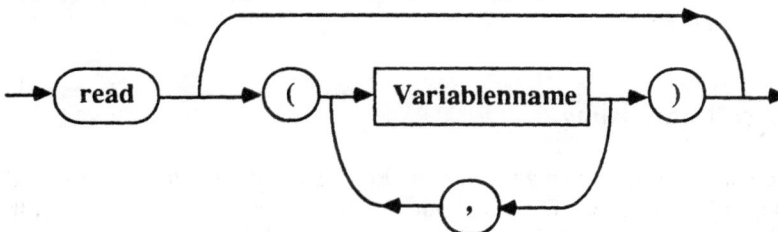

<u>Bsp.</u>:
program eingabe;
var i:integer;
begin
read(i);   *hier wartet der Rechner auf eine Eingabe. Wird*
                       etwa 5 eingegeben, so erhält i den Wert 5
ausgeben von i
end.

Regeln für die read-Anweisung:

1. Der Typ der Variablen muß mit dem Typ des eingegebenen Werts verträglich sein.
2. Es können nur einfache Variablen eingelesen werden (siehe "Klassifikation

---

[17] read und auch write (s.u.) sind streng genommen <u>keine</u> terminalen Symbole von Pascal, sondern Prozedurbezeichner (siehe 1.2.2.5).

der Datentypen"): integer, char und (evtl.) string (implementationsabhängig). Z.B. können keine arrays eingelesen werden, sondern nur array-Elemente, die selbst einfach sind.

<u>Bsp</u>: Einlesen eines array:

```
program einlesen;
var feld: array[1 .. 5] of integer;
    index: integer;
begin
index:=1;
solange index<6 wiederhole
    read(feld[index]);
    index:=index + 1;
end.
```

<u>Übung 11</u>: Formulieren Sie ein Programmstück, das den "Text", der "zeichen-zahltabelle" zur Weiterverarbeitung zugeführt wird, zeichenweise von der Tastatur mittels "read" einliest. Gehen Sie davon aus, daß der Benutzer das Ende der Eingabe und damit das Ende des Textes durch Drücken einer speziellen "Ende"-Taste anmerken kann.

1.1.2.9   Ausgabeanweisung

Ausgabeanweisungen setzen den zur Eingabe komplementären Prozeß in Gang. Die Ausgabegeräte (i. allg. Drucker oder Bildschirm) werden veranlaßt, angegebene Werte anzuzeigen. Die ansonsten sehr wohl wichtigen Ausgabe-anweisungen für Graphiken werden hier nicht thematisiert.

<u>Wirkung der **write-Anweisung**</u>

Der Wert (Inhalt) des Ausdrucks wird ermittelt und auf das Ausgabegerät (hier: Bildschirm) ausgegeben.

<u>write-Anweisung</u>

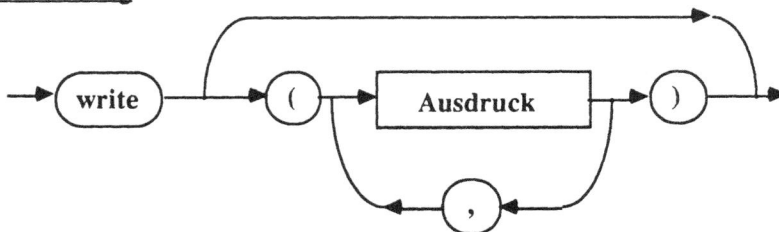

<u>Bsp</u>.:
program ausgabe;
const zwei=2;
var x:char;
begin
x:='y';
write(3+4,x,zwei+2,'Text')

auf dem Bildschirm erscheint: 7y 4Text

end.

<u>Übung 12</u>: Entwerfen Sie ein Programmstück, das das Ergebnis von "zeichen-zahltabelle" mittels "write" ausgibt. Lassen Sie einen erläuternden Text mit ausgeben, so daß etwa folgender Ausdruck entsteht (Die tatsächlichen Anzahlen hängen natürlich vom konkreten Fall ab.):

Anzahl von Zeichen A : 3
Anzahl von Zeichen B : 5
...
Anzahl von Zeichen y : 1
Anzahl von Zeichen z : 3

Auch die Eingabe sollte erläutert werden. Daher korrespondiert mit jeder Eingabeanweisung eine Ausgabeanweisung, die dem Benutzer erklärt, was er eingeben soll.

z.B.
write('Bitte nächstes Zeichen eingeben');
read(zeichen)

Ausdruck:
Bitte nächstes Zeichen eingeben
<-- *hier hält der Algorithmus für die Eingabe des Zeichens*

<u>Bemerkung</u>: In jeder Programmiersprache gibt es Ausdrucksmittel, die die Ein- und Ausgabe in eine bestimmte Form bringen, beispielsweise angeben, wie viele Stellen die Ein- oder Ausgabegröße besitzen soll oder wann ein Zeilenwechsel zu erfolgen hat. Sie werden hier nicht weiter thematisiert.

<u>Übung 13</u>: Wenn eine Variable mittels einer Eingabeanweisung eingelesen wird, wird auf sie lesend oder schreibend zugegriffen? Wie steht der Fall bei einer Ausgabeanweisung, also dem Schreiben von Variablenwerten?

1.1.3 Kontrollstrukturen

Dieser Abschnitt behandelt, wie Algorithmen formuliert werden können, die
ihren Ablauf durch Entscheidungen während ihrer Abarbeitung selbst beeinflussen. Derartige Algorithmusstrukturen sind unabdingbar, erschweren aber
das Verständnis des Programmtextes, da der Ablauf des Algorithmus und die
Eigenschaften von Programmobjekten, wie z.B. Variablen, von der Vorgeschichte des Programmlaufs abhängen.
Gerade bei den Kontrollstrukturen stellt sich eine stark formalisierte Semantik
der Programmanweisungen als außerordentlich nützlich heraus, sie ermöglicht
u.a. den Nachweis der Äquivalenz bestimmter Algorithmusstrukturen und hilft
so bei Programmänderungen (Transformationen) unter Beibehaltung der Pro-
grammsemantik.

1.1.3.1 Syntax und Semantik der Alternativanweisung

Bisherige Form: falls ... dann ... sonst

Sollen in einem Algorithmus Anweisungen nur unter bestimmten Bedingungen
ausgeführt werden, so kann man hierzu die **Alternativ-Anweisung if ...
then ... else** benutzen. Die Bedingung wird zwischen **if** und **then** notiert;
trifft sie zu, wird die Anweisung hinter **then** ausgeführt, andernfalls diejenige
hinter **else**. Es handelt sich also um eine **zweiseitige Fallunterscheidung**.

if ... then ... else - Anweisung

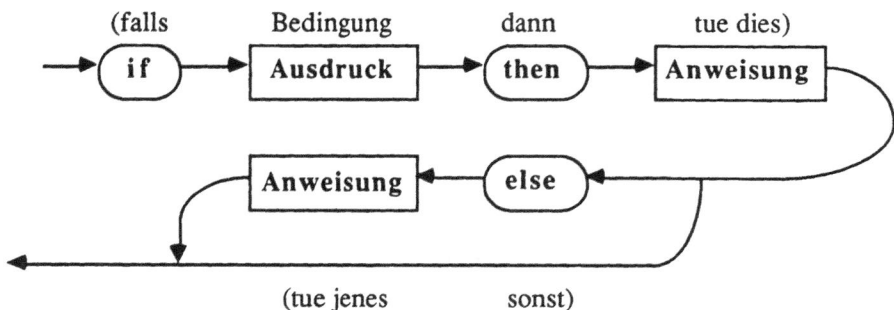

Unter Ausdruck ist hier die Bedingung zu verstehen, der Wert eines solchen
Ausdrucks sollte also "wahr" oder "falsch" sein.
Es soll auch zugelassen werden, den "sonst"-Zweig der Alternative auszulassen,

die Fallunterscheidung heißt dann **einseitig**.

Übung 1: Formalisieren Sie die umgangssprachlich formulierte Alternative aus "zeichenzahl":

falls first(Text)=zeichen dann anzahl:=anzahl+1

Wie läßt sich folgende Alternative formal notieren?

falls temperatur<18 dann heizung:=an sonst heizung:=aus

Es wird jeweils nur eine Anweisung im then- oder else- Zweig der Alternative notiert. Um mehrere Anweisungen syntaktisch zu einer zusammenfassen zu können, benutzt man die **Verbundanweisung**:

Verbundanweisung:

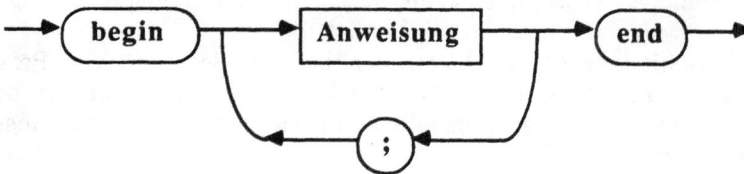

Übung 2: Man erstelle eine Trace-Tabelle für nachfolgenden kurzen Algorithmusausschnitt mit den Werten -3 bzw. 5 für x.

```
program p1;
var x,y: integer;
begin
read(x);
if x<0
      then
            begin
            write('Eingabe negativ');
            y:=-x;
            write(y)
            end
      else
            begin
            write('Eingabe nicht negativ');
            y:=x;
            write(y)
            end
end.
```

Übung 3: In folgendem Beispiel wird die Alternativ-Anweisung nur mit dem "then"- Zweig verwendet.

Was geschieht, wenn die Verbundanweisung "begin ... end" fortgelassen wird?

```
program p2;
var x:integer;
begin
read(x);
if x≠0 then
        begin
        write('Der Kehrwert von ',x,' lautet:');
        write(1/x)
        end;
end.
```

Semantik der Alternative

Wie eingangs schon erwähnt wurde, muß die Sprache, in der Computerprogramme formuliert werden, eindeutig interpretierbar sein, u.a. natürlich
auch vom Automaten selbst. Die Interpretation, die man einem bestimmten
formalsprachlichen Wort geben kann, macht dann die Semantik dieses Wortes
aus.
Es sind verschiedene Möglichkeiten denkbar, die Semantik von Programmanweisungen darzustellen. Eine dieser Möglichkeiten besteht darin zu beschreiben, wann eine Anweisung ausgeführt wird und welche die "Wirkungen" der
Anweisung sind.
Bei verwickelten Algorithmen wird es jedoch zunehmend schwieriger, allein auf
Grundlage einer solchen am Ablauf orientierten Beschreibung die Arbeitsweise
des Algorithmus zu verstehen. Ein besseres Verfahren, das Aussagen über den
Zustand eines Algorithmus unabhängig von seiner Vorgeschichte macht, ist das
Niederschreiben von logischen Aussagen, die an wesentlichen Stellen des Algorithmus gelten. Gerade bei verschachtelten Anweisungen, z.B. bei Alternativen,
die im "then"- oder im "else"-Zweig stehen, sind diese logischen Aussagen sehr
hilfreich bei der Programmüberprüfung.

Vor der Diskussion der Regeln, nach denen auf solche Aussagen geschlossen
werden kann, soll zunächst ein graphisches Hilfsmittel präsentiert werden, das
die Struktur auch mehrstufiger Entscheidungen darzustellen hilft und mit dessen
Hilfe sich die Semantik der Alternativanweisung zwanglos ergibt; es handelt sich
hierbei um **binäre Bäume**.

Man gehe beispielsweise von folgendem Regelsystem aus:
Die Rechnungsstelle eines Betriebes stellt Kunden bei einer Bestellmenge von
unter 50 DM den Wert der Bestellung und die Versandkosten in Rechnung (Fall
1). Bei Bestellungen über 50 und unter 500 DM wird dem Kunden das Porto
erlassen (Fall 2) und bei einer Bestellmenge von über 500 DM sogar noch ein
Rabatt gewährt (Fall 3).

Prinzipiell sind zwei Vorgehensweisen bei der Formalisierung der Regeln denkbar:

1. Die einzelnen Fälle werden jeweils durch eine separate Bedingung gesteuert und einzeln nacheinander notiert, etwa:

if bestellung<50 then rechnung:= bestellung+porto;
if (bestellung>=50) und (bestellung<500) then rechnung:=bestellung;
if bestellung>=500 then rechnung:=bestellung-rabatt.

Hierbei müssen sich wechselseitig ausschließende Bedingungen formuliert werden.
Jede der drei Alternativen ist durch einen (degenerierten) Baum darstellbar:

2. Man kann ausnutzen, daß die Bedingungen wechselseitige Abhängigkeiten untereinander aufweisen. So weiß man z.B., daß, falls Fall 1 nicht anwendbar ist, die Bestellmenge offensichtlich den Wert 50 DM erreicht oder überschritten hat und es sich somit erübrigen würde, dies noch einmal abzufragen.

Sucht man also den Ast des Baumes auf, an dem klar ist, daß Fall 1 nicht zutrifft, so läßt sich die Abfrage vereinfachen:

bestellung<50

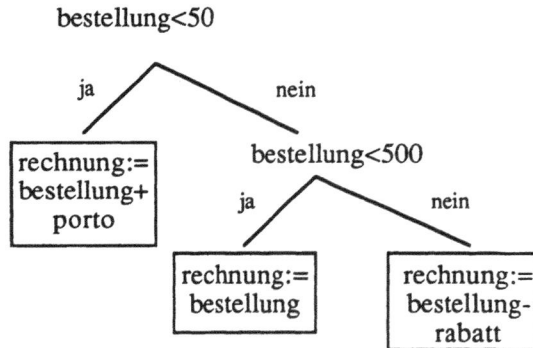

Die Pascal-Notation lautet dann:

```
if bestellung <50    then  rechnung:=bestellung+porto
                     else  if bestellung<500
                                      then rechnung:=bestellung
                                      else rechnung:=bestellung-rabatt
```

Es ist klar, daß sich in einer solchen mehrstufigen Entscheidungsstruktur Informationen von einer Ebene des Baumes auf die nächste fortsetzen. So weiß man beispielsweise, daß in dem gesamten Teilbaum, der an dem "nein"-Zweig der ersten Alternative hängt, die Verneinung der ersten Bedingung gültig ist (sofern sie nicht in einer der Anweisungen diese Teilbaums zunichte gemacht wird).

Übung 4: Notieren Sie bitte an den Ästen des obigen Baums die logischen Aussagen, die sich aus den zu treffenden Entscheidungen ergeben.

Diese Eigenschaft der Alternativanweisung macht gerade ihre Semantik aus.

Für die Alternativ-Anweisung

if p   **then** Anweisung1
           else Anweisung2

sieht dies nun folgendermaßen aus:

Sei "A" eine Aussage, die vor der Alternativ-Anweisung gilt und "P" die Bedingung in der Alternativ-Anweisung. Dann gilt vor Ausführung der Anweisung im then- Zweig die Bedingung "A und P", vor Ausführung der Anweisung im else-Zweig die Bedingung "A und nicht-P".

Bsp.: Angewandt auf die Alternative im Programm p1 ergibt sich:
Vor der if ... then ... else-Anweisung ist lediglich feststellbar, daß x vom Typ integer ist. Dies ist die Aussage, die vor der Alternative gilt.. Daher wird vor der Anweisung im then-Zweig: "x:integer und x<0", denn "x<0" ist ja die Bedingung der Alternative, gelten. Vor Ausführung der Anweisung im else-Zweig gilt dann "x:integer und x≥0".

Übung 5: Betrachten Sie folgenden Algorithmusabschnitt. Notieren Sie auf der gepunkteten Linie die Aussage, die sich aus der Semantik der if ... then ... else - Anweisung schließen läßt.

```
x,y: integer;
read(x,y);
        if x<y
        then                    <---------        ...........................(1)
            begin
            a:=x;
            b:=y
            end
        else                    <---------        ...........................(2)
            begin
            b:=x;
            a:=y
            end;
write(a,b)
```

Was kann man also über die Werte der Variablen a und b beim Ausdrucken aussagen? Was geschieht in Falle x=y?

Besonders nützlich ist das Notieren der Aussagen, die sich aus der Alternativ-Anweisung ergeben, wenn man diese (wie weiter oben) schachtelt (da ja die Alternativ-Anweisung selbst eine Anweisung ist, kann sie im then- oder else-Zweig einer übergeordneten Alternativ-Anweisung auftreten). Hier zieht man die Aussage, die vor der Alternativ-Anweisung gilt, dazu heran, die richtige Aussage für die Anweisung in den beiden Zweigen der Alternativ-Anweisung zu konstatieren:

```
if bestellung < 50
    then  <---------
    rechnung:=bestellung+porto
    else  <---------
        if bestellung ≥ 500
            then  <--------
            rechnung:=bestellung-rabatt
            else  <--------
            rechnung:=bestellung;
write(rechnung)
```

<u>Übung 6</u>: Wie lauten die Aussagen, die sich an den angegebenen Stellen des Algorithmus notieren lassen? Wie sieht der Baum aus, der zu obiger geschachtelter Alternative gehört?

<u>Einrückungsregeln</u>

Zur optischen Strukturierung und um zu verdeutlichen, welche Anweisung in welche andere geschachtelt ist bzw. welche Anweisung welche andere steuert, rückt man die geschachtelte Anweisung nach rechts ein (s.o.).

1.1.3.2   Datentyp boolean und Relationsoperatoren

Der Ausdruck, der als Bedingung in der Alternativanweisung benutzt wird, kann nur zwei Werte annehmen, die man als "wahr" oder "falsch" interpretieren kann. Allgemein bezeichnet man einen Datentyp, der nur zwei verschiedene Werte für seine Variablen oder Ausdrücke bereitstellt, die sich als "wahr" oder "falsch" interpretieren lassen, als **Typ der Wahrheitswerte** oder als **Typ boolean** (von George Boole [1815-1864], der die Algebra der Wahrheitswerte entwickelt hat).

Die Standardbezeichnungen für die beiden möglichen Werte eines booleschen Ausdrucks heißen *false* (für falsch) und *true* (für wahr). Wie bei den anderen Datentypen kann man Variablen dieses Typs vereinbaren, im wesentlichen tritt der Typ boolean jedoch implizit als der Typ von Ausdrücken in Erscheinung, die in Kontrollanweisungen (wie z.B. der Alternativanweisung) als Bedingungen gebraucht werden. Es gilt auch hier, daß der Typ des Ausdrucks allein aus den Typen der Operanden und aus den Operationen, die mit den Operanden vorgenommen werden, resultiert. In diesem Fall sind es (neben anderen) die sog. Relationsoperatoren <, >, <=, >=, = und <>, die boolesche Ausdrücke kennzeichnen.

<u>Bsp</u>.:

bestellung < 50
x<=y
zahl <> 0
element = zeichen

sind alles Ausdrücke vom Typ boolean.

Neben den Relationsoperatoren gibt es noch Operatoren, die auf und zwischen

Ausdrücken des Typs boolean wirken. Es sind dies die **Verneinung not** (nicht), die den Wahrheitswert umkehrt und die Verknüpfungen **and** (und) und **or** (oder). Diese drei Operatoren werden durch folgende **Wahrheitswertetafeln** definiert, bei der p und q Variablen vom Typ boolean sind:

p	not p
true	false
false	true

p	q	p and q	p or q
true	true	true	true
false	true	false	true
true	false	false	true
false	false	false	false

Man kann nun die Wirkungsweise der Alternativanweisung auch folgendermaßen beschreiben:
Hat der Ausdruck zwischen if und then den Wert true, wird die Anweisung hinter then ausgeführt, hat er den Wert false, diejenige hinter else.

Bsp. für boolesche Ausdrücke:

not (bestellung < 50)
(x<=y) and (zahl <> 0)
(zahl=0) or (element = zeichen)

Relationsoperatoren

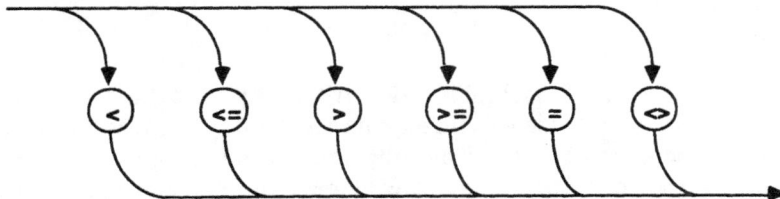

Signatur der Rechenstruktur der Wahrheitswerte:

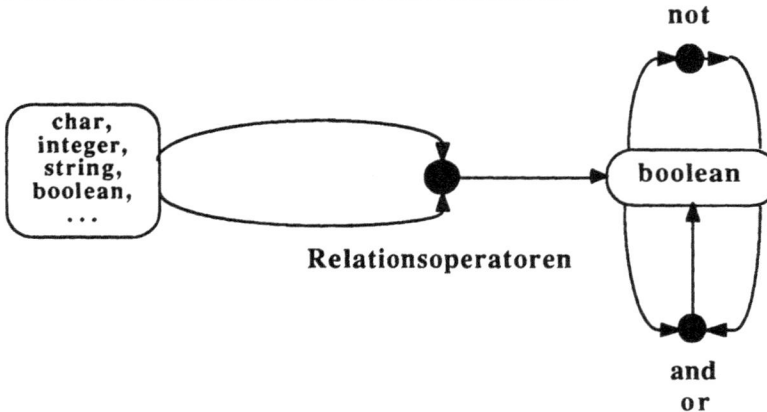

Bsp.:
Folgendermaßen würden die Aussagen, die aus der Semantik der Alternativ-Anweisung folgen, in formaler Pascal-Syntax aussehen (als Kommentar notiert)

```
if bestellung < 50
      then  {bestellung<50}
      rechnung:=bestellung+porto
      else  {not (bestellung<50)}
      if bestellung > 500
            then  {not (bestellung<50) and (bestellung>500)}
            rechnung:=bestellung-rabatt
            else  {not(bestellung<50) and not(bestellung>500)}
            rechnung:=bestellung;
write(rechnung)
```

Übung 7: Brechen Sie die Schachtelung der Alternativ-Anweisungen auf. Schreiben Sie für jede der Wertzuweisungen eine eigene if ... then Anweisung (ohne else-Zweig), benutzen Sie dabei die oben entwickelten logischen Ausdrücke als Bedingungen der Alternativ-Anweisungen. Um die logischen Ausdrücke zu vereinfachen, können Sie die Regeln von de Morgan (1806-1871) benutzen:

de Morgansche Regeln:

        not(p and q) = not p or not q
        not(p or q) = not p and not q

Muster:

```
if bedingung1
    then
        if bedingung2
            then anweisung1
            else anweisung2
        else anweisung3
```

wird zu

```
if bedingung1 and bedingung2 then anweisung1;
if bedingung1 and not bedingung2 then anweisung2;
if not bedingung1 then anweisung3
```

Oft ist es nützlich, komplexere Alternativstrukturen nach gewissen Gesichtspunkten zu optimieren. Eine Optimierung, die einen günstigen Einfluß auf die Ausführungsdauer eines Algorithmus hat, ist es, die Zahl der einzelnen Bedingungen zu minimieren. Am Beispiel der Alternativkaskade zur Rechnungsschreibung ist dies bereits vorgeführt worden.

Eine weitere Optimierungsstrategie besteht darin, die am häufigsten auftretenden Fälle zuerst zu behandeln, da dann eine Prüfung der restlichen Möglichkeiten entfällt.

Übung 8: Nehmen Sie an, daß beim Beispiel der Rechnungsschreibung verschiedene Betriebe verschiedene Häufigkeiten der Fälle 1, 2 und 3 haben:

Betrieb	Fall 1	Fall 2	Fall 3
A	seltenster	häufigster	
B		seltenster	häufigster

Entwickeln Sie die jeweils günstige Alternativkaskade für beide Betriebe! Notieren Sie die gültigen Aussagen an den entscheidenden Algorithmusteilen als Kommentare. Hilfreich ist es, zunächst die entsprechenden Bäume zu entwerfen.

Hierarchie der Operatoren

Grundsätzlich werden Ausdrücke von links nach rechts abgearbeitet. Diese Reihenfolge ändert sich jedoch, wenn in einem Ausdruck Operatoren mit unterschiedlicher Priorität auftreten. z.B.: 1+2*3. In Pascal gilt wie gewohnt "Punktrechnung vor Strichrechnung", es werden also zunächst das Produkt, anschließend die Summe ausgewertet. Will man die Reihenfolge abändern, muß man Klammern setzen: (1+2)*3.

Zusammenfassend lautet die Hierarchie der Operatoren speziell für Pascal:

Rangnummer	Operatoren
1	not
2	* / div mod and
3	+ - or
4	= <> < <= > >=

Bei einem Ausdruck "2+x < 3-y and a < b" hat "and" höhere Priorität als "–" und "<", es würde zunächst versucht werden, den Ausdruck "y and a" auszuwerten. Wollte man jedoch die beiden Teilausdrücke "2+x < 3-y" und "a < b" miteinander durch "and" verknüpfen, so müßte man Klammern setzen: "(2+x < 3-y) and (a < b)".

1.1.3.3 Wiederholungsstrukturen

Das wesentliche algorithmische Grundmuster ist die wiederholte Ausführung stets derselben Rechenvorschrift. Hier erweisen sich die Eigenschaften von Automaten als nützlich: Zuverlässigkeit, Schnelligkeit, Pedanterie. Alle leistungsfähigen Algorithmen enthalten daher immer irgendeine Form der Wiederholung.

Das Wesen von Wiederholungsstrukturen ist das mehrfache Abarbeiten desselben Algorithmusabschnitts. Eine solche Mehrfachbenutzung von Algorithmusteilen ist auf zwei Weisen denkbar:

Der betrachtete Algorithmusabschnitt aktiviert sich selbst erneut nach seiner Tätigkeit, um einen weiteren Teil der Problemlösung vorzunehmen. Die Ein- und Ausgabeobjekte des Algorithmus werden für jede Selbstaktivierung abgespeichert und am Ende des Berechnungsvorgangs zum Endergebnis zusammengefaßt.
Hier werden alle Speicherplätze nur einfach genutzt, die Variablenwerte jedes Wiederholungsdurchgangs bleiben erhalten. Diese Form der Wiederholung wird bei der **Rekursion** realisiert, die später thematisiert werden wird[18].
Typische Vertreter rekursiver Strukturen sind alle Rekursionsformeln, beispielsweise diejenigen für die Berechnung der **Fakultät** einer natürlichen Zahl oder der **Fibonaccizahl**:

fakultät(n)	=	1	für n=0,
		n * **fakultät**(n-1)	sonst.

Z.B.: fakultät(0)=1, fakultät(3)=6.

---

[18] siehe Abschnitt 1.2.3.1.

fibonacci(n) = 0   für n=1,
                   1   für n=2,
                   fibonacci(n-1) + **fibonacci**(n-2) sonst.
Z.B.: fibonacci(1)=0, fibonacci(3)=1.

Die zweite Kategorie von Wiederholungsstrukturen verwendet jede Variable mehrfach, der Wert einer Variablen wird bei jedem neuen Durchgang überschrieben, es gibt mithin keine über den ganzen Algorithmus gültige Zuordnung eines bestimmten Werts zu einer Variablen. Diese zweite Form der Wiederholungsstruktur heißt **Iteration**. Sie ist technisch einfacher zu realisieren und nimmt einen geringeren Teil der Rechnerressourcen in Anspruch, deshalb ist sie auch die historisch frühere (beispielsweise unterstützen die älteren höheren Programmiersprachen FORTRAN und COBOL keine Rekursion, auch BASIC tut es nicht). Die Elementarität der Iteration gegenüber der Rekursion muß jedoch mit einer gewissen Undurchsichtigkeit erkauft werden; die Korrektheit von iterativen Algorithmen ist nicht offensichtlich, sie muß nachgewiesen werden.

Die iterative Fassung der Fakultätsfunktion könnte beispielsweise folgendermaßen aussehen:

```
fakultät := 1;
solange i <= n wiederhole
            begin
            fakultät := fakultät * i;
            i := i + 1
            end
```

Für die Frage, ob ein Algorithmus nach endlich vielen Schritten beendet ist (ob er **terminiert**), sind immer solche Teile wesentlich, in denen Wiederholungen auftreten, denn ohne Wiederholungen muß jeder Algorithmus, der ja aus endlich vielen Anweisungen besteht, nach endlich vielen Schritten abbrechen. Soll ein Algorithmus terminieren, so muß also die Ausführung von Wiederholungen bewacht werden. Man kann hier an Bedingungen denken, unter denen die Wiederholung ausgeführt oder an solche, bei denen die Wiederholung abgebrochen wird.

1.1.3.4 Syntax und Semantik der Kopfschleife

Zunächst soll diejenige Wiederholungsstruktur betrachtet werden, die mittels einer **Wiederholungsbedingung** den Ablauf des Algorithmus steuert. Bislang wurde diese Struktur durch "solange Bedingung wiederhole Anweisung" umschrieben. Die Syntax der entsprechenden Anweisung in Pascal ist die folgende:

while ... do - Anweisung

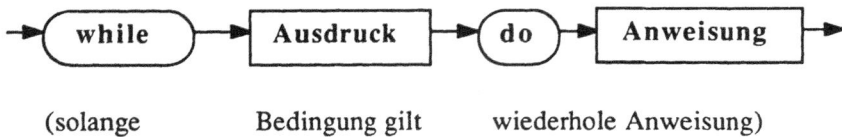

→◯ **while** ◯→□ **Ausdruck** □→◯ **do** ◯→□ **Anweisung** □→

(solange   Bedingung gilt   wiederhole Anweisung)

Der in dieser Struktur auftretende Ausdruck ist wieder, wie in der Alternativanweisung, vom Typ boolean. Außerdem wird, wie bei der Alternative, nur eine Anweisung gesteuert, bei Bedarf ist also wieder die Verbundanweisung zu verwenden.

Übung 9: Formalisierung der Wiederholungen in *zeichenzahl*.

```
anzahl:=0;
solange length(Text)>0 wiederhole
      begin
      if first(Text)=zeichen then anzahl:=anzahl+1;
      Text:=rest(Text);
      end;
```

Wie lautet der Algorithmusabschnitt unter Verwendung der while ... do - Anweisung? Formalisieren Sie außerdem den in Abschnitt 1.1.2.4 noch umgangssprachlich notierten Algorithmus *zeichenzahltabelle*. Formulieren Sie auch die komponentenweise Ausgabe von *anzahltabelle*.

Die while ... do - Anweisung heißt auch **abweisende Schleife** oder **Kopfschleife**, weil die Bedingung **vor** der ersten Ausführung des zu wiederholenden Algorithmusteils geprüft wird, also insbesondere bei Nichtzutreffen der Bedingung vor der ersten Wiederholung **keine** Ausführung des Wiederholungsteils erfolgt.

Man betrachte dazu folgenden Algorithmusabschnitt:

```
read(i);
while i<10 do
      begin
      write(i);
      i:=i+1
      end;
```

Man fertige eine Trace-Tabelle für die Beispielwerte i=7 und i=12 an und notiere dabei auch den Wert des booleschen Ausdrucks "i<10" ("true" oder
"false").

i	i<10
7	
12	

Die Technik der Trace-Tabellen spiegelt direkt die Natur der iterativen Wiederholung wider: ein und dieselbe Variable nimmt im Verlauf des Algorithmus
verschiedene Werte an.

Wiederholungsanweisungen sind selbst auch Anweisungen, deshalb können sie
auch als Anweisung in einer Wiederholung auftreten. Liegt dieser Fall vor, so
bezeichnet man die Struktur als geschachtelte Wiederholung.

Übung 10: Sei Seite: array[1 .. 64] of array[1 .. 80] of char (also 64 Zeilen zu
80 Spalten). Wie lautet der Algorithmus, der eine solche Seite einlesen kann?

Semantik der while ... do - Anweisung

Sei **while p do "Anweisung"** die betrachtete Struktur. Dann hat unmittelbar
vor Ausführung von "Anweisung" die Bedingung *p* den Wert *true*. Zusätzlich
gilt bei der ersten Ausführung der Wiederholung die Aussage, die unmittelbar
vor der while ... do - Anweisung gilt. Unmittelbar vor der auf die while ... do -
Anweisung folgenden Anweisung gilt dann *not p*.

In der **Flußdiagramm**[19]-Darstellung einer solchen Struktur wird die Semantik besonders deutlich:

---

[19] siehe Abschnitt 2.1.2.1

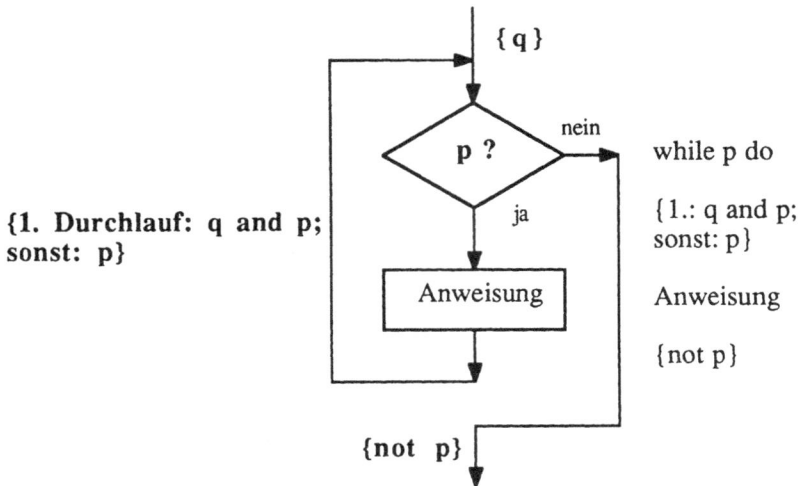

{1. Durchlauf: q and p; sonst: p}

(diagram labels) {q}, p?, nein, ja, Anweisung, {not p}, while p do, {1.: q and p; sonst: p}, Anweisung, {not p}

Übung 11: Man notiere im Programmtext als Kommentar die Bedingungen, die aus der Semantik der while ... do–Anweisung folgen, für die Algorithmen "Zeichenzahl" und "Zeichenzahltabelle".

Bemerkung: Die Semantik der while ... do - Anweisung weist einige Ähnlichkeit mit der der if ... then ... else - Anweisung auf. Der Unterschied zwischen beiden liegt darin, daß bei der Wiederholungsanweisung eine Aussage über den Zustand des Algorithmus **nach** Ausführung der Wiederholungsanweisung gemacht werden kann, die die Wiederholungsbedingung selbst enthält. Dies ist für die Alternative nicht der Fall. Z.B.:

while i<10 do write(i);
{<--- hier gilt immer i>=10}

Da nach der Wiederholung immer i>=10 gelten muß, i aber seinen Wert nicht in der wiederholten Anweisung ändert, gelangt der Algorithmus nie an die angegebene Stelle, er terminiert nicht (Totschleife).

if i<10 then write(i);
{<--- die Bedingung taucht hier nicht explizit auf, insbesondere muß nicht gelten, daß i>=10}

1.1.3.5 Syntax und Semantik der Fußschleife

Es soll nun die zweite iterative Wiederholungsstruktur betrachtet werden. Sie kontrolliert den Ablauf der Wiederholung durch eine **Abbruchbedingung** nach Ausführung der zu wiederholenden Anweisungen. Ihre Syntax lautet wie folgt:

repeat ... until ... - Anweisung

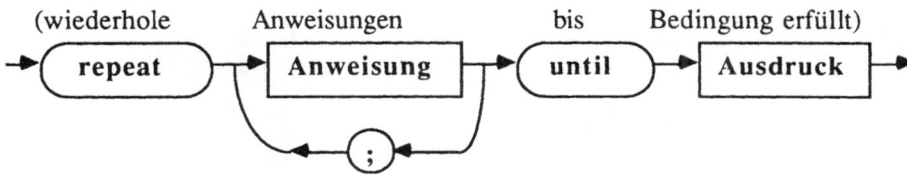

(wiederhole   Anweisungen   bis   Bedingung erfüllt)

```
  ->( repeat )-> [ Anweisung ] -> ( until ) -> [ Ausdruck ] ->
                      <- ( ; ) <-
```

Sie heißt auch **nicht-abweisende Schleife**, weil in jedem Fall, unabhängig von der Bedingung, die Anweisungen mindestens ein Mal ausgeführt werden. Der Ausdruck hat hier die Funktion einer Abbruchbedingung. Die Anweisungen werden solange wiederholt, bis sie zutrifft. Die Verwendung der Verbundanweisung zur Steuerung mehrerer Anweisungen ist offensichtlich nicht notwendig.

Semantik der repeat ... until ... - Anweisung

Sei **repeat "anweisungen" until q** die betrachtete Struktur. Unmittelbar vor den "anweisungen" gilt beim ersten Schleifendurchlauf dieselbe Aussage wie vor **repeat**. Unmittelbar vor den Anweisungen bei allen übrigen Durchläufen gilt *not q*. Unmittelbar vor der auf die repeat ... until ... - Anweisung folgende Anweisung gilt dann *q*.

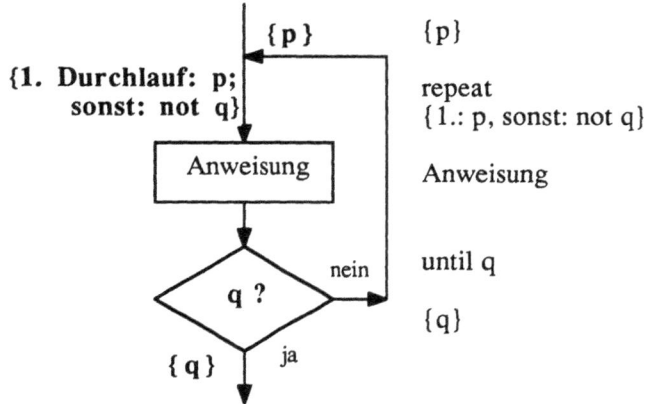

Aus der Semantik der beiden iterativen Wiederholungsstrukturen ergibt sich folgende Transformationsregel von einer Struktur zur anderen:

repeat .. until nach while .. do:

repeat "anweisungen" until "bedingung";   ist gleichwertig mit:

"anweisungen";
while not "bedingung" do
        begin
        "anweisungen"
        end;

Übung 12: Begründen Sie die Regel mit Hilfe der Semantiken der Anweisungen. Wie lautet die Transformationsregel while .. do nach repeat .. until?

while .. do nach repeat .. until:

while "bedingung" do "anweisung";   ist gleichwertig mit

Übung 13: Man formuliere folgenden Algorithmusabschnitt mittels der repeat ... until ... - Anweisung um.

```
read(i);
while i<10 do
      begin
      write(i);
      i:=i+1
      end;
```

Wie man sieht, ist eine der beiden Wiederholungsstrukturen im Grunde entbehrlich. Empfehlenswert ist es, nach Möglichkeit die abweisende Schleife
(while ... do ...) zu verwenden, denn diese übt schon die Kontrolle über die zu
wiederholende Anweisung vor dem ersten Schleifendurchlauf aus.

Bemerkung zur Programmierung mit **Sprüngen**:

In einigen Programmiersprachen existieren Wiederholungsanweisungen wie die
oben beschriebenen nicht (z.B. in den älteren Versionen von BASIC oder
FORTRAN). Hier müssen Wiederholungen durch **bedingte Sprünge** realisiert
werden. Sprunganweisungen legen fest, an welcher Stelle der Algorithmus mit
dem Ablauf fortfahren soll (wie bei der Flußdiagramm-Darstellung). In BASIC
realisiert man ein solches Verfahren dadurch, daß jede Programmzeile eine
Nummer erhält und die Sprunganweisung "goto *Zeilennummer*" zu der
Anweisung mit der angegebenen Zeilennummer verzweigt, der Sprung zurück
zu einer vorhergehenden Anweisung realisiert dann die Wiederholung.
Es hat sich herausgestellt, daß die Programmierung mittels bedingter Sprünge
äußerst fehlerträchtig ist. Bei exzessiver Benutzung von Sprüngen wird die
klare Algorithmusstruktur zerstört (es entsteht der berüchtigte **Spaghetti-
Code**). Besser ist es in den meisten aller Fälle, ohne Sprünge zu programmieren
und für Programmiersprachen, die nur bedingte Sprünge kennen, die strukturierten Wiederholungen nach festen Regeln aus Sprunganweisungen aufzubauen.
Die Flußdiagramme für die beiden hier behandelten Schleifentypen können
dabei als Konstruktionsregeln herangezogen werden.

Übung 14: Entwerfen Sie das Flußdiagramm für die Pascal-Struktur

```
repeat
      anweisung1;
      while bedingung1 do anweisung2
until bedingung2
```

1.1.3.6 Syntax und Semantik der Zählschleife

Ein Spezialfall iterativer Wiederholungen ist noch der Erwähnung wert:

Falls schon vor Betreten der zu wiederholenden Anweisungen bekannt ist, wie oft die Wiederholung vorzunehmen ist, kann eine abkürzende Schreibweise benutzt werden. Dieser Fall tritt vor allem dann ein, wenn in einer Wiederholungsstruktur ein Feld bearbeitet wird und im wesentlichen die Indexe der Feldelemente berechnet werden. Folgende ist die Syntax der

Zählschleife

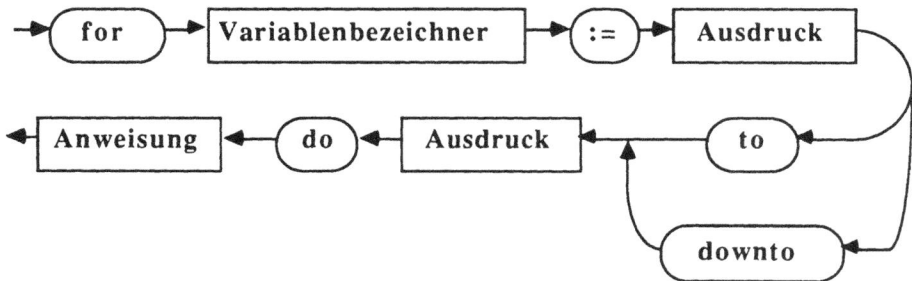

Die Zählschleife bewerkstelligt selbsttätig die Initialisierung einer Zählvariablen und ihr Herauf- bzw. Herunterzählen auf den Nachfolger bzw. Vorgänger. Die Semantik der Anweisung läßt sich folgendermaßen durch Umformulieren in eine while ... do - Schleife beschreiben:

for i := anfang to ende do "anweisung"

ist identisch mit

```
{i ist von einem skalaren Datentyp}
i := anfang;
while i <= ende do
        begin
        {"anweisung" darf die Werte von i, anfang oder ende nicht
          verändern}
        "anweisung";
        i:=succ(i) {bei integer: i:=i+1}
        end;
{Wert von i ist hier undefiniert}
```

Übung 15: Wie sieht die Entsprechung mittels "while ... do" für die "downto"-Zählschleife aus?

Die Besonderheiten der Zählschleife spiegeln sich in den Aussagen wider, die oben als Kommentare notiert sind. Die Semantik der Zählschleife ergibt sich aus derjenigen der while ... do - Anweisung zusammen mit den Zusatzaussagen, die oben als Kommentare notiert sind.

Da sich jede Zählschleife durch eine entsprechende while ... do - Schleife ersetzen läßt, ist erstere ebenfalls entbehrlich. In den Fällen jedoch, in denen man sie anwenden kann, stellt sie eine erhebliche Verkürzung sowohl des Algorithmustextes als auch der Ausführungsdauer auf dem Automaten dar.

Übung 16: Man formuliere alle geeigneten Wiederholungsanweisungen aus "zeichenzahltabelle" mit der Zählschleife um.

1.1.4 Gleitpunktzahlen, Operationen und Ausdrücke

Die bislang behandelten elementaren Datentypen konnten mit Recht als
natürliche Entsprechungen ihrer wohlbekannten Vorbilder aus der Mathematik
gelten, wenn man, wie beispielsweise bei den ganzen Zahlen und "integer", von
der Beschränkung auf einen gewissen Wertebereich absieht. Bei der Modellierung von Zahlenwerten mit Nachkommaanteil, insbesondere bei der Entsprechung der reellen Zahlen, kommen erstmals wesentliche Aspekte des Rechnerbaus ins Spiel, die keine so naheliegende Entsprechung zwischen abzubildender
Wirklichkeit und Rechnermodell mehr erlauben.
Besitzt man dann das Maschinenmodell der reellen Zahl, lassen sich auch
arithmetische Ausdrücke in voller Allgemeinheit abhandeln, wie es im zweiten
Teil dieses Abschnitts geschieht.

1.1.4.1 Syntax und Semantik des Datentyps real

In den meisten Anwendungsbereichen elektronischer Datenverarbeitung spielen
auch Zahlenwerte mit Dezimalstellen eine wichtige Rolle. Schon die elementare
Rechenoperation der Division führt aus dem Bereich der ganzen Zahlen in den
Bereich der rationalen Zahlen, deren Entsprechung in Pascal der Datentyp **real**
ist.
Nachfolgend ist dargestellt die Syntax von

real

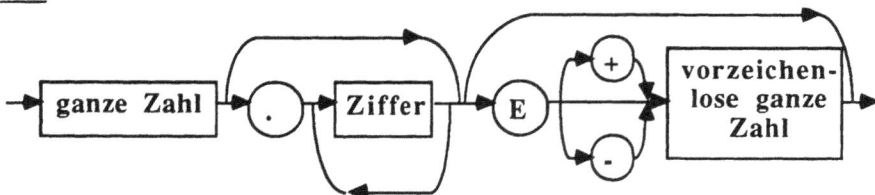

Da die Sprachelemente so gut wie aller Programmiersprachen aus dem englisch-
sprachigen Raum stammen, hat man hier auch statt des im Deutschen üblichen
Dezimalkommas den Dezimalpunkt vorgeschrieben.

Vier verschiedene Zahldarstellungen lassen sich mit obiger Syntax realisieren:

1. Ganze Zahlen wie   35645 23 -453 +853   0
2. Gewöhnliche Dezimalzahlen (mit Dezimalpunkt) wie   354.7345   +0.274 -
9632.00002
3. Ganze Zahlen mit **Zehnerpotenz** wie   6354E24   -5E-23   +53E285

4. Dezimalzahlen mit Zehnerpotenz wie 636.59E26 -835.003E-12
Das Symbol "E" ist dabei zu lesen als "mal 10 hoch".

<u>Erinnerung</u>: Die Zehnerpotenzschreibweise dient zur Darstellung vornehmlich betragsmäßig sehr großer oder sehr nahe bei Null gelegener Zahlen. Einige Zehnerpotenzen sind:

10^2	=	100
10^1	=	10
10^0	=	1
10^{-1}	=	0,1
10^{-2}	=	0,01

Eine positive Zehnerpotenz entspricht also einer Verschiebung des Dezimalpunktes um den Wert der Potenz nach rechts, eine negative nach links:

$5*10^0 =$	5
$5*10^2 =$	500
$5*10^{-2} =$	0,05

<u>Übung 1</u>: Notieren Sie folgende Zahlen in Zehnerpotenzschreibweise (Syntax von real):

0,0000452
6325476254
-234628,876
$0,645*10^{-12}$
,1

Die Standardbezeichnung von Zahlen der angegebenen Syntax heißt real[20].

<u>Semantik von real</u>

1. Die Konstanten des Typs real liegen in einer Untermenge der reellen Zahlen. Die möglichen Werte des Typs hängen von der speziellen Implementation (Einrichtung) auf dem verwendeten Automaten ab.
2. Werte des Typs real sind Dezimalzahlen mit einer endlichen Zahl von Nachkommastellen und einem begrenzten Bereich für die Zehnerpotenz. Die Wertebereiche für die Nachkommastellen und die Zehnerpotenzen lassen sich nicht exakt in der Darstellung im Dezimalsystem angeben. Sie hängen vielmehr von der Darstellung im Binärsystem (System zur Basis 2) ab (s.u.).

---

[20] ... obwohl es sich eigentlich nur um eine Untermenge der rationalen Zahlen (Menge der Brüche) handelt und irrationale Zahlen durchweg als real-Zahl nicht darstellbar sind.

3. Der Typ integer ist keine Untermenge des Typs real, denn:
4. Werte vom Typ real sind geordnet, es gibt jedoch keine Vorgänger oder Nachfolger einer real-Konstanten: succ und pred sind nicht auf real definiert. Daher können real-Werte nicht als Laufvariablen in einer Zählschleife oder als Index von Feldern verwandt werden. Die Darstellung einer ganzen Zahl mit Hilfe des Typs real unterscheidet sich wegen des immer auftretenden **Rundungsfehlers** (s.u.) grundlegend von der im Typ integer.

1.1.4.2 Darstellung und Genauigkeit von real-Werten

Sämtliche Zahlenwerte werden in heutigen Computern zur Basis 2 (**Binärsystem**) verarbeitet. Es stehen zur maschineninternen Darstellung einer Zahl also nur die Ziffern 0 und 1 zur Verfügung.

Bsp.:

Darstellung im Binärsystem	im Dezimalsystem
0	$0*2^0 = 0$
1	$1*2^0 = 1$
10	$1*2^1+0*2^0 = 2$
11	$1*2^1+1*2^0 = 3$
1101	$1*2^3+1*2^2+0*2^1+1*2^0 = 13$
0.011	$0*2^0+0*2^{-1}+1*2^{-2}+1*2^{-3}=1/4 + 1/8=3/8=0,375$

Demzufolge stellt ein Computer auch real-Werte dar in der Form $b*2^n$. Dabei ist b eine rationale Zahl zur Basis 2 und n eine ganze Zahl zur Basis 2.

Z.B.: $0.011 = 1,1 * 10^{-10}$ (zur Basis 2)

Normalerweise verwendet man bei real-Werten für die Exponenten acht binäre Stellen; mit diesen acht Stellen lassen sich im **Zweierkomplement**, der gebräuchlichsten Repräsentation positiver und negativer Zahlen in Rechenanlagen (siehe Abschnitt 2.2 "Rechnerinterne Realisation von DV-Vorgängen") die Zahlenwerte -128 (= -2^7) bis 127 (= 2^7-1) darstellen. Damit ergibt sich für den größten Exponenten $2^{127} \approx 1,7*10^{38}$ und $2^{-128} \approx 2,9*10^{-39}$ für den kleinsten.

Die **Mantisse** (der Faktor vor der Zweierpotenz) hat normalerweise 24 binäre Ziffernstellen, von denen eine Stelle für das Vorzeichen reserviert ist. Der größte Wert ist also eine 1, der (nicht notierte) Übergang zu den negativen

Zweierpotenzen (im Dezimalsystem das Dezimalkomma) und 22 Einsen (=2-2^{-22} = 1,999999762). Die kleinste Mantisse lautet 0,0...01 (= 2^{-22}= 2,384185*10^{-07}). Damit ergibt sich in dezimaler Darstellung ein Wertebereich für reals von:

kleinste Zahl: $2^{-22}*2^{-128} = 2^{-150} \approx 7,0 * 10^{-46}$,
größte Zahl: $(2-2^{-22})*2^{127} \approx 3,4 * 10^{38}$

und der entsprechende negative Bereich. Außerdem ist noch die Null exakt darstellbar.

<u>Übung 2:</u> Auf wieviele Dezimalstellen genau kann man mit einer Zahldarstellung wie oben angegeben rechnen? Überlegen Sie dazu, um welchen Betrag sich zwei Mantissen mindestens unterscheiden müssen, um auch in der Darstellung der Maschine unterscheidbar zu sein.

Aus all dem ergibt sich

- erstens, daß der Wertebereich nicht exakt in Form von Dezimalstellen angebbar ist und

- zweitens, daß Zahlenwerte, die im Dezimalsystem abbrechende Darstellungen haben (etwa 0,1), im Zweiersystem und damit im Computer als unendlicher Binärbruch notiert werden müßten, wegen der begrenzten Zahl der Stellen aber nur auf Kosten eines Rundungsfehlers darstellbar sind.

Der Binärbruch, der den Dezimalbruch 1/10 darstellt, lautet:

0,1 zur Basis 10 = 0,0001100110011001100... zur Basis 2.

Bricht man die Darstellung des Binärbruchs an der 23. Stelle rechts vom Komma ab, so macht man einen Rundungsfehler von etwa $2^{-22} \approx 2*10^{-7}$. Diesen Rundungsfehler muß man bei allen Rechnungen mit real-Größen berücksichtigen. Er tritt an der letzten Stelle auf, also an der 7. oder 8. bei üblichen Systemen. Der Rundungsfehler, dessen Größe immer von der Anzahl verwendeter Binärstellen für die Zahldarstellung abhängt, heißt auch **Maschinen-Epsilon**.

Wertebereich von real

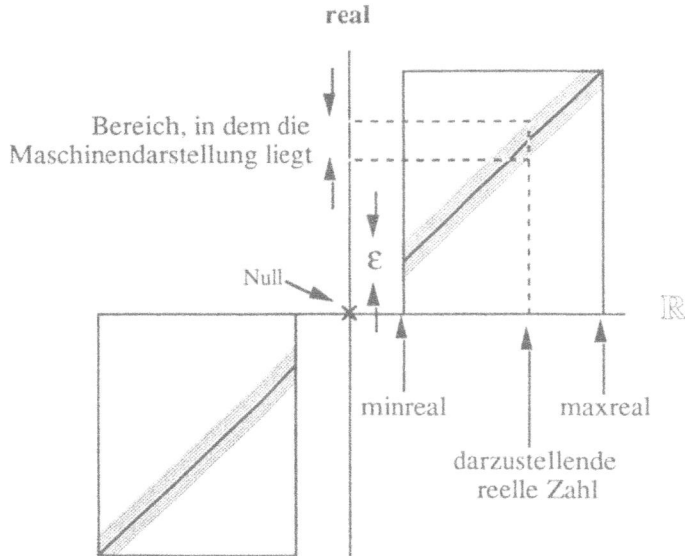

real

Bereich, in dem die
Maschinendarstellung liegt

Null

ε

$\mathbb{R}$

minreal   maxreal

darzustellende
reelle Zahl

Bsp.: Man betrachte folgenden Algorithmusabschnitt:
...

```
const   Dollarkurs=2.21;
var     DM, Dollar: real;
...

DM:=0;
repeat
        DM:=DM+0.10;
        Dollar:=DM/Dollarkurs;
        write(DM, 'DM sind', Dollar, '$')
until DM=20
```

Übung 3: Es ist unwahrscheinlich, daß die Schleife jemals terminiert. Warum?
Wie müßte man den Algorithmus formulieren, um Terminierung und die
Umrechnung auch des Betrages von 20 DM sicherzustellen?

Das nachfolgende Beispiel demonstriert, wie sich das Maschinen-Epsilon (der
Rundungsfehler, der bei jeder Zahldarstellung und jeder Rechnung auftritt)
über den Gang der Berechnung fortpflanzt. Man kann an der Ausgabe ablesen,
daß das Ergebnis empfindlich davon abhängt, mit welcher Zahl signifikanter
Stellen Zahlenwerte dargestellt werden (der im Beispiel verwendete Typ
"double" hat eine doppelt so große Zahl signifikanter Stellen wie "real".) Man

beachte, daß die beiden Ergebnisse absolut um den Betrag 10^{29}, relativ um den Faktor 23 differieren!

Fortpflanzung des Maschinen-ε

```
program numerik;
  var
    x : real;
    y : double;
    i : integer;
  begin
    x := 1.000001;
    y := 1.000001;
    for i := 1 to 26 do
      begin
        x := x * x;
        y := y * y;
      end;
    write(x);
    write(y);
  end.
```

```
========== Ausgabe ==========
6.13551458281e+27
1.39635147384e+29
```

Ein weiteres Problem, das bei Rechnungen mit dem Typ real eine Rolle spielt, ist das der **Auslöschung**. Damit wird der Effekt bezeichnet, der bei der Addition oder Subtraktion betragsmäßig sehr kleiner und sehr großer Zahlen auftritt. Die kleine Zahl fällt bei der Rechnung "unter den Tisch", da ihre Berücksichtigung im Ergebnis die Anzahl der signifikanten Stellen überschreitet:

```
program numerik;
  const
    gross = 1E10;
    klein = 1E-10;
  begin
    write(gross + klein - gross);
    write(gross - gross + klein)
  end.
```

```
========== Ausgabe ==========
0.0e+0
1.0e-10
```

In diesem Beispiel wirkt sich die Auslöschung dadurch aus, daß in der ersten Rechnung die kleine Zahl unterdrückt wird, weil die Zahl der signifikanten Stellen nicht ausreicht (es wären mindestens 20 Stellen notwendig), während im zweiten Fall zunächst das Zwischenergebnis Null errechnet wird, zu dem ohne eine Auslöschung die kleine Zahl addiert werden kann.

Das dritte Problem entsteht durch die Lücke im Bereich der darstellbaren Zahlen zwischen der Null und der kleinsten positiven Zahl. Dieser sogenannte **Unterlauf** tritt dann auf, wenn das Ergebnis genau in dieser Lücke liegt, so bei Aufgaben wie kleineZahl * kleineZahl oder kleineZahl / großeZahl.

Hier ist es wünschenswert, daß der Automat nicht einfach auf die exakte Null abrundet, sondern die Ausnahmesituation meldet.

Wie auch bei den exakt darstellbaren ganzen Zahlen gibt es natürlich auch einen **Überlauf**, ein Überschreiten des zulässigen Wertebereichs, etwa bei Aufgaben wie

großeZahl * großeZahl oder großeZahl / kleineZahl.

Der Zweig der Mathematik, der sich um die Beherrschung dieser Probleme bemüht, heißt **Numerik**. Für eine ausführlichere Behandlung ihrer Methoden sei auf die Spezialliteratur verwiesen.

1.1.4.3 Charakteristika von Operationen und Ausdrücken

Algorithmen sind stets allgemeine Verfahren, also solche, die mit wechselnden Werten für Eingabegrößen ablauffähig sein sollen. So wäre beispielsweise die Berechnung des größten gemeinsamen Teilers von 12 und 8 kein Algorithmus (es fehlt die Allgemeinheit), ein Verfahren zur Berechnung des GGTs zweier integer-Werte m und n ist es jedoch.
Um diese Allgemeinheit zu erreichen, kann man sich nicht auf Standardbezeichnungen für Objekte (Festwerte oder Konstanten wie "12" oder "8") beschränken, es muß auch möglich sein, **Platzhalter** für noch zu spezifizierende Werte zu verwenden und diese in Formeln oder Ausdrücke einzubeziehen. Bislang sind Variablen für diesen Zweck verwendet worden; ein weiteres Konzept, das der **Parameter**, wird im Zusammenhang mit **Funktionen** und **Prozeduren** (Abschnitt 1.2) behandelt werden.
In diesem Abschnitt geht es um die Charakteristika von Formeln und Ausdrücken, die neben den Variablen und Parametern die wesentlichen Sprachmittel für die Formulierung allgemeiner Verfahren sind.

Ausdrücke und Formeln bestehen aus **Operatoren** und **Operanden**, z.B.:

Operand	Operator	Operand	
3	+	Index	(*)
	not	Bedingung	(**)

Das Beispiel (*) steht für **zweistellige (dyadische) Operatoren**; sie operieren auf zwei Operanden und werden normalerweise zwischen ihnen notiert (**Infixschreibweise**). Auch die **Präfixschreibweise** ist bei einigen Sprachen üblich, dort würde der erste Ausdruck etwa

+(3,Index)

heißen.

Auch die **Postfixschreibweise** wird verwendet; bei ihr folgt der Operator auf die Operanden:

(3,Index)+

Das Beispiel (**) stellt einen **einstelligen (monadischen) Operator** vor. Hier gibt es nur einen Operanden, es wird hier die Präfixschreibweise benutzt. Das Gesamtobjekt aus Operator und Operand(en) heißt **Operation**.

1.1.4.4 Überblick zu monadischen und dyadischen Operatoren

Es folgt eine Tabelle der monadischen und dyadischen Operatoren in Pascal. Wieder dient Pascal als exemplarische Sprache, andere Sprachen besitzen z.T. andere Operatoren, Pascal bietet allerdings einen typischen Satz, der sich in den meisten Sprachen finden läßt.

Monadische Operatoren

Operator	Name	Typ des Operanden	Typ des Ergebnisses	Wirkung
not	Negation	boolean	boolean	logische Negation

Dyadische Operatoren

Operator	Name	Typ des Operanden	Typ des Ergebnisses	Wirkung
(multiplikative Operatoren)				
*	Multiplikation	integer	integer	Produkt der
		real	real	Operanden
/	Division	integer, real	real	Quotient der Operanden
div	ganzz. Division	integer	integer	ganzzahliger Quotient
mod	Modulo	integer	integer	Rest nach Division
and	und	boolean	boolean	logisches und
(additive Operatoren)				
+	Addition	integer	integer	Summe der
		real	real	Operanden
-	Subtraktion	integer	integer	Differenz der
		real	real	Operanden
or	oder	boolean	boolean	logisches (schwaches) oder

Operator	Name	Typ des Operanden	Typ des Ergebnisses	Wirkung
(Vergleichsoperatoren)				
=	gleich	integer,real, char, string, boolean	boolean	Test auf Gleichheit
<>	ungleich	"	boolean	Test auf Ungleichheit
<	kleiner	"	boolean	kleiner?,lexikogr. davor?
<=	kleiner oder gleich	"	boolean	kleiner oder gleich?, lexikographisch davor oder gleich?
>	größer	"	boolean	größer?, lexikographisch danach?
>=	größer oder gleich	"	boolean	größer oder gleich?, lexikographisch danach oder gleich?

1.1.4.5 Schreibweise und Auswertung von Ausdrücken

Ausdrücke entstehen durch Zusammensetzung von Operationen, indem für Operanden Operationen eingesetzt werden. Z.B.:

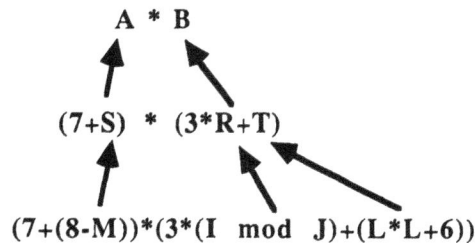

$$A * B$$

$$(7+S) \quad * \quad (3*R+T)$$

$$(7+(8-M))*(3*(I \quad mod \quad J)+(L*L+6))$$

Dabei werden die Operationen, die man für Operanden einsetzt, zunächst in Klammern eingeschlossen.

Somit ergibt sich als Charakterisierung von Ausdrücken:

Ausdrücke (Formeln) sind

- Bezeichnungen für Variablen oder Parameter oder
- Standardbezeichnungen für feste Objekte (Konstanten) oder
- Operatoren mit Ausdrücken als Operanden.

Das graphische Darstellungsmittel der **Kantorovic-Bäume** verdeutlicht den Einsetzungsvorgang von Operationen für Operanden allgemeiner als es in Pascal-Notation möglich wäre. Folgender ist z.B. der Kantorovic-Baum des Ausdrucks:

$$(x*2+y)*r+(y*6+x)*z$$

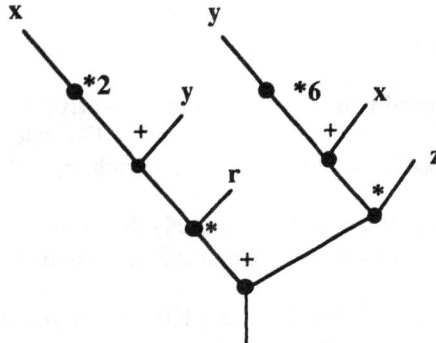

Die Berechnung des Ausdrucks kann dabei an allen den Knoten vorgenommen werden, an denen die Operanden schon berechnet worden sind. In dieser Form können Ausdrücke wesentlich allgemeiner als in der linearen Notation einer Programmiersprache dargestellt werden, denn die Reihenfolge der Formelauswertung ist nicht vorgeschrieben; die Berechnung kann sogar parallel an verschiedenen Teilen des Baums ausgeführt werden. Eine solche arbeitsteilige Auswertung von Formeln gewinnt immer mehr an Bedeutung, da es bereits Rechner gibt, die parallele Datenverarbeitung mit mehreren Rechenwerken ermöglichen.

<u>Übung 4</u>: Notieren Sie den obigen Ausdruck in Präfix- und Postfixschreibweise. Beachten Sie dabei, daß beiden Notationen jeweils unterschiedliche Abarbeitungsweisen des Kantorovic-Baumes entsprechen.

Beim Einsetzen von Ausdrücken für Operanden muß darauf geachtet werden, daß die Typen mit den Operationen verträglich sind. Welche Typen erlaubt sind, sagt obige Tabelle aus. Kommen in einem Ausdruck mit additiven oder multiplikativen Operatoren integer und real gemischt vor, so ist das Ergebnis immer vom Typ real.

Unter bestimmten Umständen können die Klammern bei der Einsetzung auch eingespart werden. Dies ist zunächst bei assoziativen Verknüpfungen der Fall: x+(y+z) kann auch (x+y)+z oder, wenn man die offensichtlich entbehrlichen Klammern fortläßt, als x+y+z geschrieben werden; bei Ausdrücken wie x/(y−z) oder x-(y+z) geht dies natürlich nicht, da Division und Subtraktion nicht assoziativ sind.

Eine weitere **Klammereinsparungsregel** läßt sich aus den **Prioritäten der Operatoren** ableiten. Wie in der alltäglichen Arithmetik gilt hier nämlich "Punktrechnng vor Strichrechnung", d.h. die multiplikativen Operatoren haben höhere Priorität als die additiven. Ein Teilausdruck, in dem nur Operatoren derselben Priorität auftreten, wird in Pascal von links nach rechts abgearbeitet. Eine Übersicht der Operatorprioritäten in Pascal lautet[21]:

Priorität	Operator	
1.	not	
2.	* / div mod and	(multiplikative Operatoren)
3.	+ - or	(additive Operatoren)
4.	= <> < > <= >=	(Vergleichsoperatoren)

Weiterhin läßt sich ausnutzen, daß (in Pascal) Ausdrücke von links nach rechts abgearbeitet werden, wenn sie auf derselben Prioritätsstufe stehen.

Übung 5: Man entferne alle überflüssigen Klammern aus dem Beispiel, an dem der Einsetzungsvorgang dargestellt wurde:

$$(7+(8-M))*(3*(I \bmod J)+(L*L+6))$$

Der Übersichtlichkeit halber ist es z.T. durchaus wünschenswert, auch überflüssige Klammern stehenzulassen, z.B.:

a and b or c and not d or x and y

ist nicht so übersichtlich wie

(a and b) or (c and (not d)) or (x and y).

Übung 6: Vor allem bei Vergleichen, die mit anderen logisch verknüpft werden, muß auf korrekte Klammerung geachtet werden. So ist z.B. der Ausdruck

(a<b) or (2>z)

korrekt, der Ausdruck

a<b or 2>z

hingegen ist von den verwendeten Typen her unverträglich (wieso?).

---

[21] vergleiche auch Abschnitt 1.1.3.2

Nun jedoch zur Notation von Ausdrücken in Pascal-Syntax. Es werden nacheinander die Formen der Operanden zu den Operatoren der verschiedenen Prioritätsstufen dargestellt. Zu den additiven Operatoren also alles, was wie ein Summand aussieht, zu den multiplikativen alles, was wie ein Faktor aussieht, u.s.f.

Zunächst die Operanden zu den dyadischen Operationen der Priorität 2:

Faktor

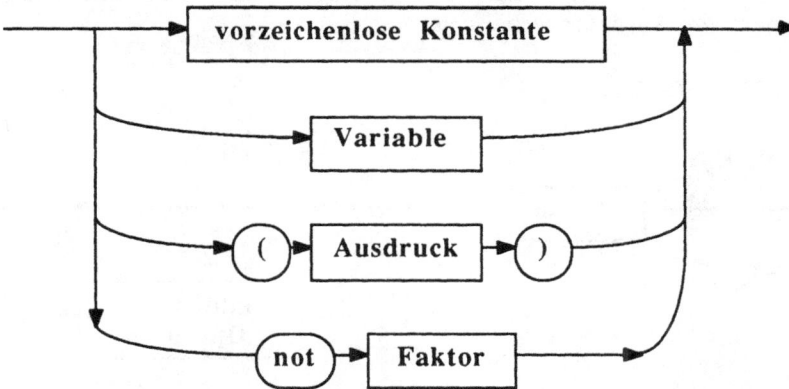

Alle Objekte dieser Bauart werden als ein Operand einer Operation der Priorität 2 verarbeitet, z.B. (die Operanden der Bauart "Faktor" sind fett gesetzt):

Faktor	Operand	Faktor
3	*	**(2+x)**
not f	and	**(3 = v)**

Als nächstes folgen die Operanden der additiven Operatoren der Priorität 3:

Term

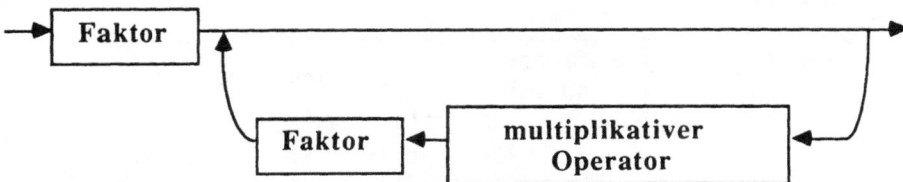

Term	Operand	Term
x	+	a*b
f and g	or	(5<h)

Schließlich können einfache Ausdrücke zusammengesetzt werden, indem Terme mit additiven Operatoren der Priorität 3 verknüpft werden. Hier tauchen zum ersten Mal **Vorzeichen** auf. Diese gelten also in Pascal nicht als Operatoren. Will man sie in Ausdrücken mit multiplikativen oder additiven Operatoren verwenden (wie 3*(-8) oder 4*(-6)), können sie nur als Faktoren geschrieben werden (Ausdruck, in Klammern eingeschlossen, siehe oben Syntax von Faktor und Syntax von Ausdruck weiter unten).

einfacher Ausdruck

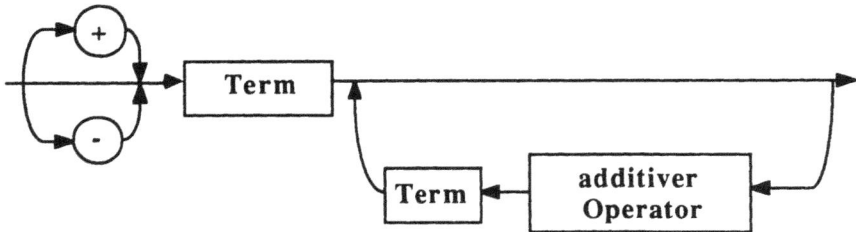

einfacher Ausdruck	Operator	einfacher Ausdruck
-a*b + 6	=	+z/4 - 18
f and g or (5<h)	<=	u and j

Solche einfachen Ausdrücke können nun mit Vergleichsoperatoren (Priorität 4) zu Ausdrücken verknüpft werden, wie es auch in obigem Beispiel der Bauart "einfacher Ausdruck Operator einfacher Ausdruck" geschehen ist.

Ausdruck

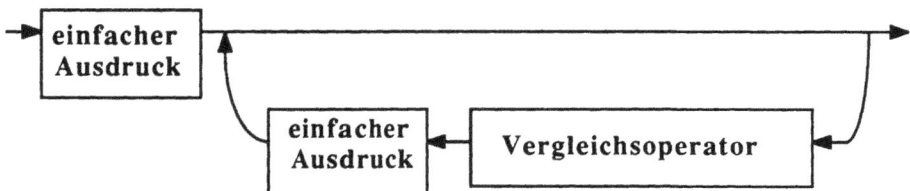

<u>Übung 7</u>: Man schreibe folgenden Ausdruck in Form eines Kantorovic-Baums und in korrekter Pascal-Syntax und merke bei letzterer Schreibweise die syntaktischen Kategorien an (Faktor, Term, ...):

$$\frac{a*f - c*(-2)}{a*e - b*d} < a+b$$

Notieren Sie den Ausdruck außerdem noch in Präfix- und Postfixschreibweise.

1.1.5 Verwendung externer Speichermedien

Bislang ist bei der Diskussion von Datenverarbeitungsvorgängen stets vorausgesetzt worden, daß sich alle relevanten Daten im Hauptspeicher des Rechners
befinden, sie also ohne weitere Vorkehrungen einer Verarbeitung zugeführt
werden können. In der Praxis ist dies jedoch in der Regel nicht der Fall, da das
Datenmaterial oft einen so großen Umfang besitzt, daß es nicht mehr vollständig
im Hauptspeicher des Rechners gelagert werden kann. Darüberhinaus besitzt der
Rechnerhauptspeicher die Eigenschaft, Daten nur temporär halten zu können:
nach Abschalten der Stromversorgung geht die gespeicherte Information
verloren. Daher ist auch zur Archivierung von Daten eine anderes Speichermedium als der Rechnerhauptspeicher erforderlich.

Zu diesen Zwecken geeignete Speichermedien werden als **externe Speicher**
bezeichnet, denn sie befinden sich außerhalb des eigentlichen Rechnerkerns. Zu
ihnen zählen:
- Lochkarten oder -streifen,
- Strichcodes,
- gedruckte Listen,
- Magnetbänder,
- Disketten,
- Magnetplatten oder optische Platten
und auch, obwohl hier die Daten ebenfalls nicht permanent gehalten werden
können,
- die Tastatur des Rechners und
- der Bildschirm.

Auf einige dieser Medien kann nur lesend zugegriffen werden (Strichcode,
Tastatur), auf andere nur schreibend (Listen, Bildschirm). Bei Lochkarten oder
-streifen ist in einem Arbeitsgang entweder nur der schreibende Zugriff (beim
Stanzen der Karten oder Streifen) oder der lesende Zugriff (beim Abtasten)
möglich. Den flexibelsten Einsatz gestatten diejenigen externen Speicher, die
beide Zugriffsarten erlauben. Bei ihnen besteht der physikalische Datenträger
meist aus einem magnetischen Material (analog zum Magnetband eines Tonband-
oder Kassettengeräts), das sowohl beschrieben als auch gelöscht werden kann.

Die diversen externen Speichermedien unterscheiden sich in folgenden wesent-
lichen Merkmalen:
- Zugriffsart,
- Kapazität des Speichermediums, also die maximal speicherbare Informations-
menge,
- Zugriffsgeschwindigkeit auf ein beliebiges Datum[22]

---

[22] "Datum": Singular von "Daten"

und selbstverständlich
- Kosten des Mediums pro Informationseinheit.

Diese gerätetechnischen Eigenheiten bestimmen zusammen mit der angestrebten Problemlösung die im folgenden dargestellten **Organisationsformen der Speicherung.**

In der nachfolgenden Darstellung werden aus Gründen der Allgemeinheit nur diejenigen externen Speicher behandelt, die prinzipiell sowohl lesenden als auch schreibenden Zugriff erlauben.

1.1.5.1 Dateien: der Typ file

Bei allen Datenstrukturen unterscheidet man zwischen der **physischen** und der **logischen Organisation** der Daten. Die physische Organisation läßt sich beschreiben durch den Ort, an dem ein Datum auf dem physischen Datenträger lokalisiert ist; bei hauptspeicherresidenten Daten ist dies die **Adresse** (Nummer) der Speicherzelle, bei Dateien auf externen Speichermedien die Stelle auf dem Band oder der Platte, an der das Datum festgehalten ist.
Moderne höhere Programmiersprachen entbinden den Programmierer von der Aufgabe, sich um die physische Organisation im Detail zu kümmern. Diese Arbeit wird vom Programmier- bzw. Betriebssystem des Rechners übernommen, so daß sich der Entwurf der Problemlösung auf die logische Organisation der Daten konzentrieren kann. So genügt bei Variablen, denen letztendlich Hauptspeicheradressen entsprechen, die Verwendung des Namens (Bezeichners); die Adresse des Datums ist dem Programmierer nicht bekannt und braucht es auch nicht zu sein. Ähnlich kann bei Daten auf externen Speichermedien verfahren werden.
Beim Datentyp "Datei" lassen sich folgende **Eigenschaften der logischen Organisation** festhalten:
1. Eine Datei ist leer oder besteht aus einzelnen **Datensätzen**, die jeweils denselben Typ besitzen.
2. Die Anzahl der Datensätze in einer Datei ist nicht festgelegt. Sie ist nach oben lediglich durch das Fassungsvermögen des Datenträgers begrenzt.
3. Die Anzahl der Datensätze einer Datei, auf die ein schreibender Zugriff möglich ist, ist während des Verarbeitungsprozesses veränderbar. Dabei dürfen nur Datensätze der Datei hinzugefügt werden, die denselben Typ wie die bereits vorhandenen Datensätze besitzen.
4. Zu jedem Zeitpunkt kann nur auf jeweils einen Datensatz einer Datei lesend oder schreibend zugegriffen werden.
5. Zu jedem Zeitpunkt ist feststellbar, ob sich die Datei an ihrem **logischen Ende** befindet.

Man kann sich eine nichtleere Datei als ein Band vorstellen (daher kommt letztendlich auch das Dateikonzept), das in gleichgeartete Abschnitte unterteilt ist (die Datensätze), von denen jeweils nur einer "sichtbar" ist.

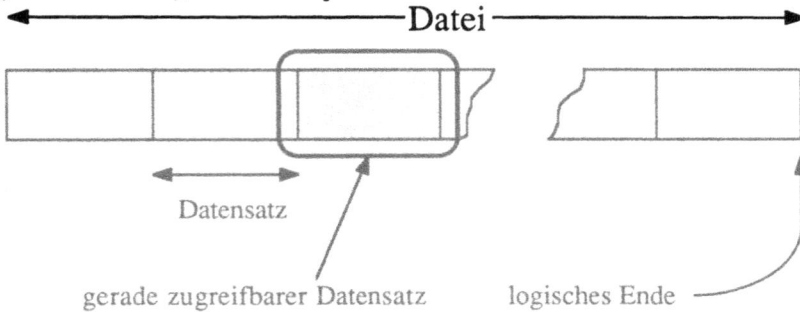

Physisch kann eine Datei auch anders organisiert sein, so liegen die Datensätze auf dem Medium nicht unbedingt in einem zusammenhängenden, lückenlosen Gebiet, doch kann hiervon im folgenden abgesehen werden, da wir uns auf die logische Organisation der Datenstruktur beschränken dürfen.

Die Syntax des Typs *file*[23] in Pascal lautet:

file

Die Variable, die so vereinbart wird, bezeichnet die Datei; der in der Datei-vereinbarung angegebene Typ "type" ist der Typ des Datensatzes oder, wie man ihn auch bezeichnen kann, der **Dateikomponente**.

Übung 1: Es soll in einem Algorithmus eine Datei verwendet werden, auf der Matrikelnummern von Studenten gespeichert sind. Vereinbaren Sie zu diesem Zweck eine Variable "Matrnummerdatei".

Für alle Organisationsformen von Dateien gilt:

Eine bereits existierende Datei muß, bevor auf sie aus einem Programm heraus zugegriffen werden kann, zunächst "geöffnet" werden. Das **Öffnen einer Datei**[24] macht die Datei dem Programmierer erst zugänglich, indem die Verbindung zwischen dem externen Speichermedium und dem Programm in geeigneter Weise hergestellt wird. Um die technischen Einzelheiten dieser Verbindung braucht sich ein Programmierer nicht zu kümmern, dies über-

---

[23] engl. *file*, Akte, Ablage; der deutsche Begriff lautet "Datei"
[24] Es können auch mehrere Dateien gleichzeitig offen sein.

nimmt wieder das Programmier- oder Betriebssystem des Rechners. Je nach gewünschter Zugriffsart gibt es unterschiedliche Programmanweisungen zum Öffnen von Dateien.

Analog müssen Dateien nach ihrer Benutzung **auch wieder geschlossen werden.** Dadurch wird die Verbindung zwischen Programm und Datei gelöst.

Ein **lesender Zugriff** auf eine Dateikomponente (einen Datensatz) erfolgt mittels der read-Anweisung:

read(*dateiname, variablenname*)

Dabei ist *dateiname* der Bezeichner der vereinbarten Datei und *variablenname* der Bezeichner einer Variablen, die durch die read-Anweisung den Inhalt der gerade zugreifbaren Dateikomponente erhalten soll. Es kann immer nur auf die ganze Dateikomponente zugegriffen werden. Ist diese selbst strukturiert, wie z.B. bei Feldern oder Strings, kann also nur das ganze Feld oder der gesamte String gelesen werden. Durch die Ausführung von read wird die nächste Dateikomponente zugreifbar.

Ein **schreibender Zugriff** auf eine Dateikomponente erfolgt durch die write-Anweisung:

write(*dateiname, Ausdruck*)

wobei wieder an erster Stelle der Name der Datei steht. Der Wert des *Ausdrucks* wird beim Abarbeiten der write-Anweisung auf den Datensatz geschrieben, der gerade zugreifbar ist. Wiederum kann ausschließlich die gesamte Dateikomponente geschrieben werden. Auch durch Ausführung von "write" wird die nächste Dateikomponente zugreifbar.

An der Wirkungsweise der Ein- und Ausgabeoperationen wird deutlich, daß bei dem Dateikonzept ursprünglich tatsächlich von einem Datenträger ausgegangen wurde, der in Form eines Bandes vorliegt. Nur der Teil des Bandes, der gerade unter dem Schreib-/Lesekopf liegt, ist zugreifbar, nach dem Zugriff wird das Band um eine Position nach vorn gerückt.

Hinweis: Der Zugriff auf Dateikomponenten geschieht eigentlich mit Hilfe sogenannter **Puffervariablen.** Dies sind Speicherplätze, die der Datei zugeordnet sind und die sowohl beim lesenden als auch beim schreibenden Zugriff den Inhalt der zugreifbaren Dateikomponente enthalten. Lese- und Schreibvorgänge können auch unter Verwendung der Puffervariablen direkt durch die Anweisungen **put** und **get** ausgelöst werden. Die Formulierung mittels "read" und "write" ist jedoch ebenso möglich und unterstreicht den Dateicharakter der

Ein- und Ausgabedateien "Tastatur" und "Bildschirm", die bislang auch durch "read" und "write" angesprochen wurden.

<u>Übung 2</u>: Nehmen Sie an, sie wollen den Inhalt einer Dateikomponente, die gerade zugreifbar ist, auf eine Variable "Matrikelnummer" zur Weiterverarbeitung übertragen. Welche Vereinbarungen und Anweisungen sind dazu erforderlich? Was muß unternommen werden, um an anderer Stelle des Algorithmus die Matrikelnummer "12434" auf die gerade zugreifbare Komponente der Datei zu schreiben?

Eine weitere Grundoperation auf Dateien jeglicher Organisationsform ist die **Abfrage nach dem Dateiende (end of file)**. Sie erfolgt mit der Standardfunktion

eof(*dateiname*)

die den Wert "true" abliefert, wenn keine Dateikomponente zugreifbar ist. Dies ist dann der Fall, wenn die Datei leer ist oder wenn bereits auf die letzte Dateikomponente zugegriffen wurde und somit das "Fenster", durch das die zugreifbare Komponente "sichtbar" ist, hinter die letzte Komponente gerückt ist. Falls noch eine Komponente zugreifbar ist, liefert eof den Wert "false".

Selbstverständlich ist es nicht möglich, auf eine Datei lesend zuzugreifen, wenn das Dateiende erreicht worden ist. Um solche unzulässigen Zugriffe abzufangen, verwendet man sinnvollerweise die eof-Standardfunktion.

<u>Übung 3</u>: Ändern Sie den eben entwickelten Algorithmusteil so, daß nur dann der lesende Zugriff erfolgen kann, wenn das Dateiende noch nicht erreicht ist. Falls ein Zugriff wegen Erreichens des Dateiendes nicht möglich ist, soll eine Meldung an den Benutzer erfolgen.

Die folgenden Abschnitte behandeln spezielle Organisationsformen von Dateien zusammen mit den Datei-Grundoperationen, die für die behandelten Organisationsformen definiert sind, insbesondere die Techniken, nach denen die Dateikomponenten zugreifbar werden.

1.1.5.2 Sequentielle Dateien

Die einfachste Dateiorganisation verwendet den **sequentiellen Zugriff** auf die Dateikomponenten, der entweder lesend oder schreibend erfolgt. Bei diesem Verfahren kann eine Dateikomponente nur nach dem Zugriff auf die unmittelbar vorhergehende Komponente erreicht werden. Der erste Zugriff erfolgt immer auf die erste Dateikomponente. Eine Datei befindet sich stets entweder im Zustand "Schreiben" oder "Lesen".

Die sequentielle Organisation entspricht am ehesten der Vorstellung eines Datenträgers in Form eines Bandes. Die Verwendung von Magnetbändern als physischem Datenträger ist demzufolge auch nur bei dieser Organisationsform sinnvoll.
Die sequentielle Organisation von Dateien wird immer dann eingesetzt, wenn die logische Reihenfolge der Datensätze auch der Verarbeitungsreihenfolge entspricht und die Verarbeitung ausschließlich aus Lese- bzw. Schreibvorgängen besteht.

Da sich eine Datei bei der sequentiellen Organisation stets nur in einem der Zustände "Lesen" oder "Schreiben" befinden kann bzw. noch geschlossen ist, muß es Grundoperationen geben, die Dateien öffnen und in einen dieser Zustände versetzen können, sie somit zum Lesen oder Schreiben vorbereiten.

Es sind dies in Pascal die beiden Anweisungen

reset(*dateiname*), die eine existierende Datei ggf. öffnet, an den Anfang setzt (den ersten Datensatz zugreifbar macht) und in den Zustand "Lesen" überführt; falls die Datei leer ist, hat eof den Wert "true", den Wert "false" andernfalls.

rewrite(*dateiname*), die eine bereits existierende Datei ggf. öffnet und löscht oder eine leere Datei mit dem angegebenen Namen erzeugt und die Datei zum Schreiben vorbereitet. Da die Datei leer ist, hat eof den Wert "true".

Übung 4: Wieso muß eine Datei, die mit "rewrite" geöffnet wurde, nicht an den Anfang gesetzt werden?

Nach Beendigung der Dateioperationen muß eine Datei mit der Anweisung

close(*dateiname*) wieder geschlossen (abgemeldet) werden.

Untenstehendes Diagramm zeigt die Signatur des Datentyps "file" in sequentieller Organisation. Der schwarze Kreis steht für noch nicht existierende Dateien.

Übung 5: Notieren Sie in untenstehender Tabelle alle möglichen Operationen auf Dateien des entsprechenden Zustandes und vermerken Sie den resultierenden Dateizustand. An Operationen stehen zur Verfügung:

reset, rewrite, read, write, eof, close
Merken Sie an, in welchen Fällen die resultierende Datei mit Sicherheit leer

(gelöscht) ist und wann feststeht, daß das Dateiende erreicht ist (eof=true).

<u>Dateizustand</u>   <u>mögliche Operation</u>   <u>resultierender Dateizustand</u>

nicht existent

geschlossen

lesender Zugriff

schreibender Zugriff

<u>Signatur von Dateien in sequentieller Organisation</u>

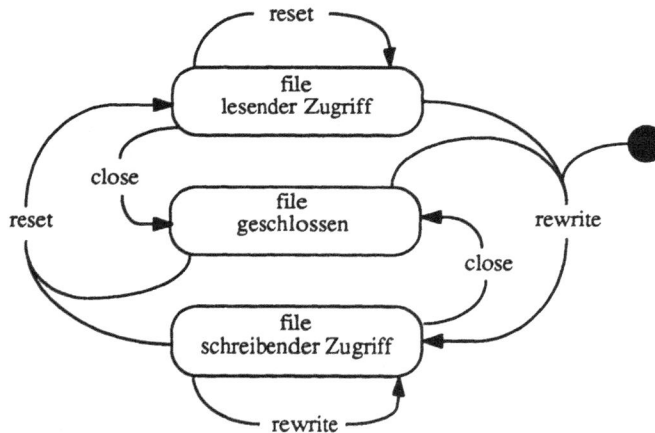

<u>Bemerkung</u>: Die Ein- und Ausgabegeräte Tastatur und Bildschirm sind ebenfalls als Dateien aufzufassen. Sie sind vordefiniert und brauchen nicht geöffnet oder geschlossen zu werden. Ein "read" ohne Angabe eines Dateinamens bezieht sich automatisch auf die Tastatur, ein "write" auf den Bildschirm. Man bezeichnet solche Dateien als **System-** oder **Gerätedateien**. Die Standardfunktion eof ist auch für die Systemdatei "Tastatur" definiert, sie wird ohne Angabe des Dateinamens verwendet. Mit Hilfe einer bestimmten Taste kann der Benutzer der Tastatur eine Dateiendemarke setzen, also den Wert "true" für eof erzwingen und so das Ende einer Tastatureingabe vermerken.

<u>Bsp</u>.: Eingabe von der Tastatur bis zum Eingabeende:

```
repeat
            read(variable); {Verarbeitung des Eingabewerts}...
until eof;
```

Analog können alle Datensätze einer Datei gelesen und verarbeitet werden.

<u>Übung 6</u>: Wie lautet der Algorithmus für das Füllen der Datei "Matrnummerdatei"? Die Nummern, die in die Datei geschrieben werden sollen, kommen von der Tastatur. Die Eingabe ist abgeschlossen, wenn die Dateiendemarke der Eingabedatei gesetzt worden ist.

Im Prinzip beschreibt dieser Algorithmusabschnitt das Kopieren von einer Datei auf eine andere.

<u>Übung 7</u>: Ändern Sie den Algorithmus so ab, daß er nicht eine Tastatureingabe auf eine Datei überträgt, sondern eine Sicherungskopie der Matrikelnummerndatei erzeugt, also den Inhalt der Datei vollständig auf eine weitere Datei derselben Struktur überträgt.

Besonders wichtig sind natürlich Suchvorgänge auf Dateien. Bei der sequentiellen Dateiorganisation müssen sämtliche Datensätze gelesen werden, bis der gesuchte Satz gefunden ist. Das folgende Beispiel zeigt die Suche nach einer bestimmten Matrikelnummer:

```
program nummernsuche;

{Sucht nach einer bestimmten Eintragung in einer Datei und liefert den Wert "true" für die
Variable "gefunden", falls der gesuchte Datensatz vorhanden ist, den Wert "false" andernfalls
und gibt eine entsprechende Meldung aus}

var
        {Eingabedaten:}
        matrnummerdatei: file of integer;
        matrikelnummer, suchnummer: integer;
        {Ausgabedaten:}
        gefunden: boolean;

begin

{Initialisierung der Datei: Öffnen und Vorbereiten zum Lesen}
reset(matrnummerdatei);

{Initialisieren der Variablen "gefunden"}
gefunden:=false;
```

```
{Eingabe der gesuchten Nummer:}
write('Bitte geben Sie die gesuchte Nummer ein:');
read(suchnummer);

{Lesen der Datensätze bis zum Ende der Datei oder dem Finden des Datensatzes}
repeat
      read(matrnummerdatei,matrikelnummer);
      {Falls gefunden, dies vermerken}
      if matrikelnummer=suchnummer then gefunden:=true
until eof(matrnummerdatei) or gefunden;

{Entsprechende Meldung ausgeben}
if gefunden
      then write('Nummer',suchnummer,'befindet sich in der Datei')
      else  write('Nummer',suchnummer,'konnte nicht gefunden werden');

{Schließen der Datei}
close(matrnummerdatei)

end.
```

Übung 8: Man kann die beiden obigen Algorithmen in leicht abgewandelter Form dazu verwenden, aus einer sequentiell organisierten Datei einen bestimmten Datensatz zu löschen. Man kopiert dazu alle Datensätze, mit Ausnahme des zu löschenden, von der Quell- in eine zweite Hilfsdatei, die Zieldatei. Anschließend kopiert man vollständig die Ziel- auf die Quelldatei, die nun den zu löschenden Eintrag nicht mehr enthält. Formulieren Sie diesen Algorithmus.

Es empfiehlt sich, die Zahl der Dateizugriffe minimal zu halten, da diese typischerweise sehr viel Zeit in Anspruch nehmen. Wo immer es möglich ist, sollten die notwendigen Operationen im Hauptspeicher vorgenommen werden. Hierzu lassen sich mit Vorteil Felder einsetzen, die eine ähnliche Strukturierung wie Dateien aufweisen. So könnte man statt der Hilfsdatei ein Feld verwenden, vorausgesetzt, alle Datensätze passen in den Hauptspeicher.

Übung 9: Wie sieht der Algorithmus zum Löschen eines Datensatzes unter Zuhilfenahme des Datentyps "Feld" aus? Setzen Sie voraus, daß alle Datensätze in den Hauptspeicher passen und ihre maximale Anzahl bekannt ist.

Übung 10: Folgende Basisoperationen werden typisch für (sequentielle) Dateien sein: Einrichten und Füllen der Datei, Ausgabe aller Datensätze, Suchen einzelner Datensätze, Zählen der Datensätze, Einfügen und Löschen von Datensätzen. Alle diese Operationen sind mit Hilfe der hier besprochenen Anweisungen realisierbar. Realisieren Sie diese Operationen.

1.1.5.3 Exkurs: der Typ record

Der in unserem Beispiel verwendete Datentyp für die Datensätze der Datei ist völlig untypisch für Informationen, die in Dateien abgelegt werden. Meist sind die Datensätze strukturiert; sie bestehen aus einzelnen Feldern, die unterschiedlichen Typs sein können.

So wird eine Datei, auf der Angaben zu Studenten abgelegt sind, neben der Matrikelnummer noch weitere Informationen enthalten, denn eine isoliert gespeicherte Matrikelnummer ist ohne praktische Bedeutung. Erst die Verknüpfung der Matrikelnummer mit z.B. dem Namen, der Anschrift, dem Studienziel und dem Semester der Immatrikulation läßt eine sinnvolle Verarbeitung der einzelnen Angaben zu.

Die Datenstruktur, die die persönlichen Angaben eines Studenten beschreibt, könnte etwa so aufgebaut sein:

```
Student
        Matrikelnummer
        Name
        Anschrift
        Studienziel
        Immatrikulationssemester
```

Der Name und die Anschrift selbst sind wiederum strukturiert:

```
Name
        Vorname
        Nachname
Anschrift
        Straße
        Hausnummer
        Postleitzahl
        Wohnort
```

Insgesamt ergibt sich folgende Struktur:

```
Student
        Matrikelnummer
        Name
                        Vorname
                        Nachname
        Anschrift
                        Straße
                        Hausnummer
                        Postleitzahl
                        Wohnort
        Studienziel
        Immatrikulationssemester
```

Übung 11: Vermerken Sie bei jedem Bestandteil des Datensatzes "Student", der nicht weiter untergliedert ist, den Datentyp.

Der entsprechende Datentyp in Pascal ist der **Verbund** (*record*[25]). In ihm können Daten verschiedenen Typs zu einer Gesamtheit zusammengefaßt werden, so, daß sie als ein Datensatz in einer Datei ablegbar sind.

Wesentlich bei der Verbundbeschreibung ist, daß der Typ einer Komponenten selbst wieder ein Verbund sein darf.

Folgende ist die (vereinfachte) Syntax des Typs

Verbund

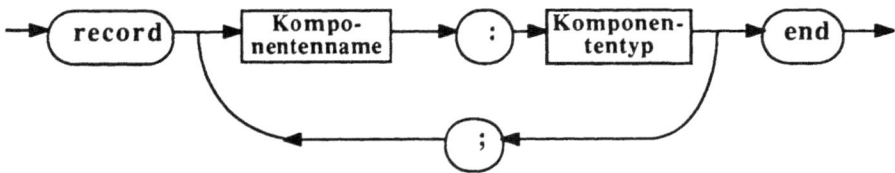

Die vollständige Beschreibung des Typs des Datensatzfeldes "Name" lautet z.B.:

```
name :    record
          vorname: string;
          nachname: string
          end
```

Die Bezeichner "vorname" und "nachname" sind die Namen der Komponenten des Verbundes "name".

Übung 12: Beschreiben Sie den Typ der Variablen "student" formal in Pascal-Syntax. Beachten Sie dabei, daß der Typ der weiter untergliederten Komponenten des Verbundes wieder ein Verbund ist.

Wie bei allen strukturierten Datentypen muß noch festgelegt werden, wie sie zerlegbar sind, wie also auf die einzelnen Komponenten zugegriffen werden kann, z.B., um sie mit einem Wert zu versehen. Dies geschieht in Pascal durch Nennung des Namens der Verbundvariablen, Setzen eines Punktes und Nennung des Namens der Verbundkomponente:

---

[25] engl. *record*, Unterlage, Niederschrift

Verbundkomponente

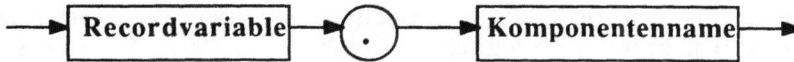

So bezeichnet

student.matrikelnummer die Verbundkomponente "Matrikelnummer",

student.anschrift.strasse die Verbundkomponente "Straße" der Komponente "Anschrift" des Verbundes "Student".

Übung 13: Notieren Sie den Datentyp der folgenden Objekte:

student

student.name

student.anschrift

student.name.nachname

student.studienziel

Ein- und Ausgabe über die Tastatur, den Bildschirm oder Drucker kann nur mit einfachen Variablen erfolgen, so sind also die einzelnen Angaben eines Studenten folgendermaßen abzufragen:

```
read(student.matrikelnummer);
read(student. name.vorname);
...
read(student.anschrift.hausnummer);
...
```

Hingegen geschieht der Zugriff auf eine Komponente einer externen Datei immer über die ganze Variable (den ganzen Datensatz):

```
read(studentendatei,student)
```

Übung 14: Ändern Sie die Dateivereinbarung und den Algorithmus zum Füllen der Datei so, daß Angaben über Personen gespeichert werden, wie sie durch den Verbund "student" beschrieben sind.

1.1.5.4 Dateien mit direktem Zugriff

Wie bereits erwähnt, findet die sequentielle Organisation von Dateien immer dann Anwendung, wenn die logische Reihenfolge der Datensätze (die Sortierreihenfolge) auch der Verarbeitungsreihenfolge entspricht. Dies ist dann der Fall, wenn die Problemstellung es erfordert oder aber, wenn, aus welchen Gründen auch immer, die Daten auf einem Datenträger vorliegen, der nur sequentiellen Zugriff gestattet (z.B. Band oder Lochkartenstapel).

Oft jedoch ist es wünschenswert, auf einen beliebigen Datensatz der Datei zugreifen zu können, so z.b. bei Auskunftssystemen, die die Aufgabe erfüllen, in einer großen Datenmenge schnell eine bestimmte Information aufzufinden.
In diesem Fall wählt man die Organisation mit **direktem Zugriff**. Hier kann ein Datensatz gelesen oder geschrieben werden, wenn seine Adresse (Lage auf dem Datenträger) bekannt ist, auch ohne auf die vorangehenden Sätze zugreifen zu müssen.

Eine weitere Methode des direkten Zugriffs ist die über **Schlüssel**. Als Schlüssel bezeichnet man eine Datensatzkomponente, die den Satz eindeutig kennzeichnet, so z.B. in der Studentendatei die Matrikelnummer oder möglicherweise den Namen. Um über einen Schlüssel auf einen Datensatz zuzugreifen, muß aus dem Schlüssel die Adresse des Satzes berechnet werden; im Grunde handelt es sich also auch beim Schlüsselzugriff um einen **direkt adressierenden Zugriff**, dem noch ein Algorithmus vorgelagert ist, der die Adresse ermittelt.

In untenstehendem Diagramm sind die Organisations- und Zugriffsformen zusammenfassend dargestellt. Die Symbole für die Datenträger sind das Band für die sequentiell organisierte Datei und die Platte für die Datei mit direktem Zugriff. Man kann diese beiden Speichermedien als typische Vertreter der Organisations- und Zugriffsmethoden bezeichnen.

Die Dateiorganisation mit direkt adressierendem Zugriff (*random access*) erlaubt

- den Zugriff auf beliebige Datensätze und
- den Wechsel zwischen lesendem und schreibendem Zugriff während der Bearbeitung einer Datei.

sequentieller Zugriff ⟶ ◯ sequentielle Datei

direkt adressierender Zugriff ⟶

Schlüsselzugriff ⟶ Algorithmus ⟶ Direktzugriffsdatei

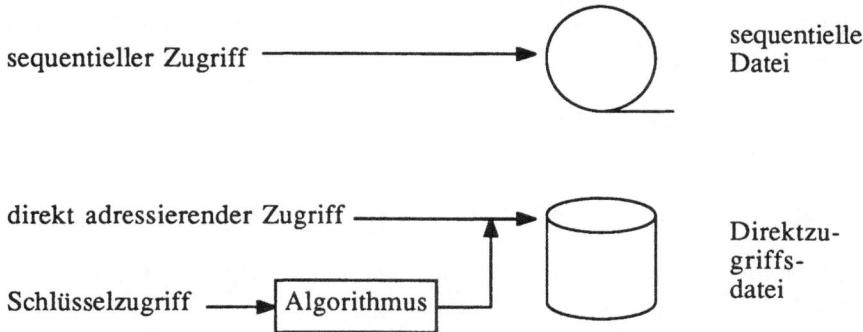

Oft ist es möglich, die Adressierung einzelner Datensätze über die physische Lage auf dem Speichermedium vorzunehmen. Dabei ist beim Zugriff anzugeben, wo auf der Platte der Satz liegt, gekennzeichnet durch die **Spur** und den **Sektor** der Platte:

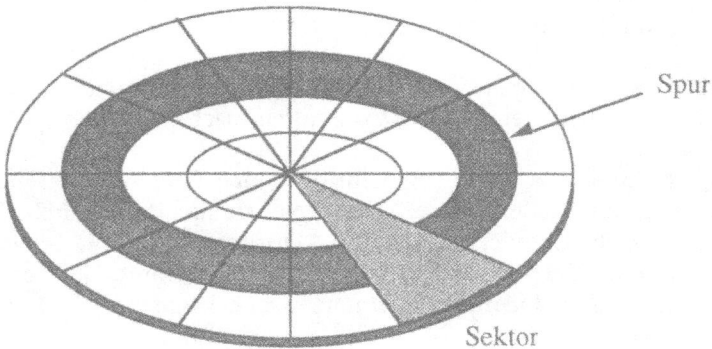

Spur

Sektor

Diese Angabe der physischen Adresse erlaubt einen sehr schnellen Zugriff auf das Speichermedium; allerdings wird dabei das Prinzip verletzt, dem Programmierer die physische Realisierung des DV-Vorganges zu verbergen und dies dem Betriebssystem des Rechners zu überlassen; der Programmierer muß sich dann selbst um die Verwaltung des Speichermediums kümmern, eine Aufgabe, die besser dem Betriebssystem überlassen bleiben sollte.

Die Methode, die hier betrachtet werden soll, verwendet keine physischen, sondern **logische Adressen**. Es sind dies die Nummern der Datensätze in aufsteigender Reihenfolge, beginnend mit der Nummer "0". Das Betriebssystem stellt dann selbständig den Zusammenhang zwischen der logischen (Nummer des Satzes) und der physischen Adresse (Sektor und Spur) her. Solche Dateien werden auch als **indexsequentielle Dateien** bezeichnet.

Die Basisanweisungen zur Bearbeitung der Datensätze sind bei der Organisation mit direktem Zugriff:

open(*dateiname*) zum Öffnen oder Erzeugen einer Datei für den direkt adressierenden lesenden oder schreibenden Zugriff,

close(*dateiname*) zum Schließen der Datei,

seek(*dateiname, nummer*) zum Positionieren des Schreib-/Lesekopfes auf den Datensatz mit der angegebenen Nummer und

die Funktion
filepos(*dateiname*), die die Nummer des gerade zugreifbaren Datensatzes abliefert.

An die Stelle des *seek* treten bei der physisch orientierten Adressierung Anweisungen, die Sektor und Spur der Platte spezifizieren. Analoges gilt natürlich für die Ermittlung der Adresse mittels *filepos*.

Die Zugriffe selbst erfolgen durch die Anweisungen *read* und *write*, die auch wieder den jeweils nächsten Datensatz zugreifbar machen.

<u>Übung 15</u>: Nehmen Sie an, ein Student oder eine Studentin, deren Angaben bereits in der Datei "studentendatei" abgespeichert sind, habe durch Heirat den Namen gewechselt. Entwickeln Sie den Algorithmus, der die Änderung des Nachnamens in der Datei in direkter Organisation vornimmt. Nehmen Sie dafür an, die Nummer des zu ändernden Datensatzes sei bekannt.
Folgende ist die

<u>Signatur von Dateien in direkter Organisation</u>:

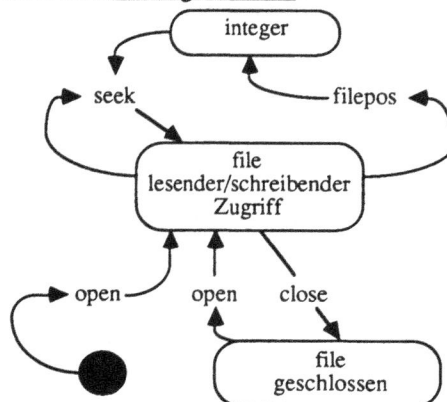

Es gibt eine Methode, nach der man Datensätze "löschen" kann, ohne sie tatsächlich aus der Datei zu entfernen. Ein solches Verfahren kann deshalb günstig sein, weil zum Entfernen eines Satzes das Verschieben aller weiterer Sätze notwendig ist. Man fügt dazu dem Datensatz als weiteres Feld ein **Löschkennzeichen** bei, dem man ansehen kann, ob ggf. der Satz bei der Verarbeitung zu ignorieren ist.

<u>Übung 16</u>: Erweitern Sie den Datensatz "student" um ein solches Löschkennzeichen und beschreiben Sie, wie man mit dessen Hilfe einen Satz löscht und bei späterem Antreffen ausschließt, daß der Satz bearbeitet wird.

Natürlich sollten von Zeit zu Zeit solche gesperrten Sätze auch tatsächlich physisch von der Datei entfernt werden, um keinen Speicherplatz zu verschwenden.

<u>Übung 17</u>: Beschreiben Sie, wie eine Dateibereinigung aussehen kann, die dies tut.

1.1.5.5 Schlüsselzugriff auf Dateien

Dem letzten Beispiel, dem Aufsuchen und Ändern einer bestimmten, durch den Inhalt des Datensatzes gekennzeichneten Dateikomponente, lag bereits die Idee des Schlüsselzugriffs auf Dateikomponenten zugrunde. Unter einem Schlüssel versteht man eine bestimmte Datensatzkomponente, die den Satz eindeutig ausweist, ein Schlüssel ist also auch eine logische Adresse, die allerdings nicht die Lage des Satzes auf dem Datenträger unmittelbar angibt. Eventuell werden zur Identifizierung auch mehrere Schlüssel verwendet.

<u>Übung 18</u>: Welche Komponenten eines Datensatzes vom Typ "student" eignen sich als Schlüssel?

Vom Standpunkt der Anwendung ist es sicherlich wünschenswert, auf einen Datensatz über den Schlüssel zuzugreifen; allerdings bereitet dies Schwierigkeiten beim Auffinden des Satzes, denn die Adresse ist i. allg. vom Schlüssel verschieden. Ohne weitere Vorkehrungen müßte dazu die gesamte Datei nach dem Schlüssel durchsucht werden (vergleiche das Suchverfahren bei der sequentiellen Organisation), um den gewünschten Datensatz aufzufinden, ein Verfahren, das im Mittel den Zugriff auf die Hälfte aller Sätze erfordert.

Man kann den Umfang einer solchen Suche minimieren, indem man ein Verzeichnis anlegt, das Auskunft über die Adresse eines Satzes zu einem bestimmten Schlüssel gibt. So muß nur eine kleinere Datei durchsucht werden,

bestehend aus den Schlüsseln und Adressen der Datensätze der Hauptdatei, um einen Datensatz zu finden.
Ein solches Verzeichnis heißt **Indextafel** und ist selbst auch eine Datei.

Die Verwendung von Indextafeln bietet sich vor allem dann an, wenn
- die Datensätze der Datei umfänglich sind und
- die Schlüssel in der Indextafel sortiert vorliegen. Wenn die Indextafel unsortiert ist, so muß in ihr ebenfalls sequentiell gesucht werden. Der Zeitgewinn besteht dann lediglich' darin, nicht alle Felder eines Satzes lesen zu müssen, sondern nur Schlüssel und Index.

Das Auffinden eines bestimmten Datensatzes in der Datei findet unter Verwendung von Indextafeln folgendermaßen statt:

1. Suche des Schlüssels in der Indextafel (dies kann dann besonders schnell gehen, wenn die Indextafel nach den Schlüsseln sortiert ist);
2. Zugriff auf die Hauptdatei unter dem Schlüssel, der in der Indextafel gefunden wurde.

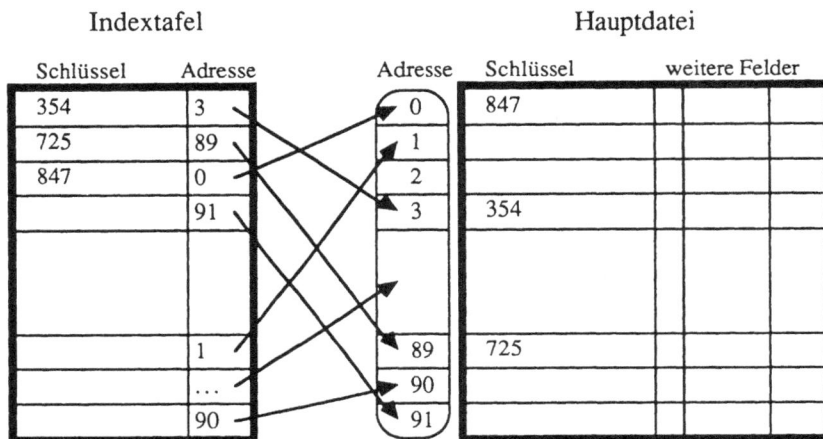

Indextafel   Hauptdatei

Schlüssel	Adresse		Adresse	Schlüssel	weitere Felder		
354	3		0	847			
725	89		1				
847	0		2				
	91		3	354			
	1		89	725			
	...		90				
	90		91				

Beim Entwurf der Dateistruktur ist es von besonderer Bedeutung, den oder die Schlüssel der Datensätze geschickt zu wählen. Es kann dabei von Vorteil sein, die Datei in mehrere, voneinander abhängige Dateien zu zerlegen, die insgesamt eine besonders günstige Hierarchie von Schlüsseln aufweisen (**Normalisierung**). Diese Verfahren sind Gegenstand eines Spezialgebietes ("Datenorganisation") und werden hier nicht behandelt.

Neben den Indextafeln gibt es noch weitere Methoden, über Schlüssel auf Datensätze zuzugreifen. Eine dieser Methoden, die hier kurz skizziert werden soll, ist die **gestreute Speicherung ohne Index**, das **Hash-Verfahren**.

Beim Hashing wird die Adresse eines Satzes aus dem **Schlüssel berechnet**, nicht in einer Tafel nachgeschlagen.

Zunächst ist aus dem Schlüssel, falls er nicht schon ein ganzzahliger Wert sein sollte (wie etwa die Matrikelnummer), ein ganzzahliger Zahlenwert zu errechnen. Man kann dies bei Schlüsseln immer dadurch erreichen, indem man dem Schlüssel die maschineninterne zahlenmäßige Kodierung zuordnet. Meist werden sich dabei enorm große Zahlenwerte ergeben, die anschließend auf einen Größenbereich transformiert werden müssen, der dem verfügbaren Adreß-bereich entspricht. Eine Division durch eine geeignete Primzahl findet hierbei am häufigsten Anwendung.

Bei diesem Verfahren kann es allerdings zu **Adreßkollisionen** kommen, d.h. zur Errechnung derselben Adresse für verschiedene Schlüssel. Um dennoch eine Speicherung aller Sätze zu ermöglichen, muß beim Hashing dieser Kollisionsfall gesondert geregelt werden.

Zusammenfassend kann man einige wichtige Merkmale der verschiedenen Datei-Organisationsformen folgendermaßen darstellen:

	sequentiell	direkt adressiert	
		indiziert	gestreut
Merkmale	nur eine Datei, geringer Verwaltungs-aufwand	beigeordnete Indexdatei	eine Datei und Hashalgorithmus
Zugriff	nur lesend oder nur schreibend, langsam auf beliebigen Satz, schnell auf nachfolgende Sätze	lesend oder schreibend, schnell auf beliebigen, langsam auf nachfolgende Sätze	
Anwendungsfeld	Sortierreihenfolge der Sätze gleich Verarbeitungsreihenfolge, Verarbeitung (fast) aller Sätze	Verarbeitung einzelner Sätze, vor allem Auskunftsysteme und Dateiänderungsdienste	
Suchstrategien	rein sequentiell	über Index-tafel	unnötig, da Adres-se berechnet wird (außer bei Kollision)
Einfügen von Sätzen	mittels Hilfsdatei und Umkopieren	durch Einfü-gung in Indextafel und Anfügung in Hauptdatei	problemlos durch Hashalgorithmus
Ändern von Sätzen	mittels Hilfsdatei und Umkopieren	durch direkten Zugriff auf den Satz	
typischer Datenträger	Band, Lochkartenstapel	Platte, Diskette	

1.2 Modulkonzept

Nachdem im Teil 1.1 des Textes die wesentlichen algorithmischen Grundstrukturen und Datentypen entwickelt worden sind, kann nun die Organisation computergestützter Problemlösungen auf der Grundlage der behandelten Algorithmuselemente thematisiert werden.
Wie in den klassischen Ingenieursdisziplinen, etwa dem Maschinenbau, werden Programme nicht lediglich als unstrukierte Ansammlung von Programmbefehlen konstruiert, sondern als Aggregate sinnvoll untergliederter **Moduln**.
Nach Einführung der benötigten Algorithmuskonzepte wird die Arbeitstechnik der Programmstrukturierung thematisiert.

1.2.1 Vereinbarung von Rechenvorschriften

Bei der Behandlung von Formeln und Ausdrücken ist als wesentliche Eigenschaft der dort beschriebenen Rechenverfahren die Allgemeinheit erwähnt worden. Allgemeinheit wurde bislang dadurch sichergestellt, daß in Formeln und Ausdrücken nicht ausschließlich mit Standardbezeichnungen für Objekte, also mit Konstanten, gearbeitet wurde, sondern, indem Objekte verwandt wurden, die einen beliebigen Wert besitzen können, den Variablen. Dadurch konnten Rechenverfahren formuliert werden, die auf alle möglichen Werte eines bestimmten Typs anwendbar waren. Als Beispiel können dienen: die Berechnung des größten gemeinsamen Teilers zweier ganzer Zahlen oder die Inversion einer Zeichenkette. Allgemeinheit wurde bislang dadurch erzielt, daß mit den Variablen operiert wurde, unabhängig von ihrem aktuellen Wert.

Es gibt nun in der Entwurfssprache Pascal und auch in den meisten anderen Programmiersprachen ein Sprachelement, mit dem man allgemeine Rechenverfahren formulieren kann und sie, falls nötig, anschließend dem beschränkten Repertoire der Sprache hinzufügen kann. Solche Konstrukte nennt man **Funktionen**. An die Stelle von Variablen treten dann die **Parameter**, Platzhalter für die zu verarbeitenden Werte. Die Parameter als Platzhalter sichern bei dieser Technik die Allgemeinheit des Rechenverfahrens.

Funktionen waren bereits Gegenstand dieser Darstellung. Bei den auf strings definierten Operationen wurde vorausgesetzt, daß es beispielsweise die Funktionen "first" und "rest" gebe. Solche Funktionen gehören in die Kategorie der **Standardfunktionen**, um deren Festlegung man sich nicht mehr zu kümmern braucht. Die Menge der Standardfunktionen hängt vom benutzten System ab. Welche Funktionen vordefiniert sind und welche selbst festgelegt werden müssen, spielt keine wesentliche Rolle; man kann sich immer den notwendigen Satz von Rechenvorschriften aus den Standardfunktionen zusammenstellen.

So wurde z.B. bislang nicht vorausgesetzt, daß eine Funktion zur Invertierung einer Zeichenkette im Grundwortschatz der Sprache enthalten sei. Man muß sich eine derartige Funktion selbst definieren; ist sie jedoch einmal eingerichtet, so läßt sie sich genau so verwenden wie eine der Standardfunktionen. Dadurch wird man beim Entwurf eines Programmes weitgehend davon unabhängig, welche Funktionen auf der Basismaschine, d.h. im Grundwortschatz, verfügbar sind.

Die Definition von Funktionen bietet mehrere Vorteile: zum einen braucht man das Rechenverfahren nur ein einziges Mal aufzuschreiben, auch wenn es in einem Programm mehrfach verwendet wird; zum anderen sind Funktionen ein wichtiges Hilfsmittel zur Strukturierung von Programmen, indem sie eine vom restlichen Programm unabhängige Ausarbeitung einer Teilproblemlösung ermöglichen. Außerdem kann man sich zunächst darauf konzentrieren, die Programmlogik problemadäquat zu entwickeln, technische Einzelheiten, wie die Implementierung der benötigten Funktionen mit den zur Verfügung stehenden Mitteln, können auf eine spätere Phase der Programmentwicklung verschoben werden.

1.2.1.1 Syntax der Funktionsvereinbarung

Es werden nun die sprachlichen Mittel behandelt, mit denen man Funktionen selbst definiert.

Funktionsvereinbarung

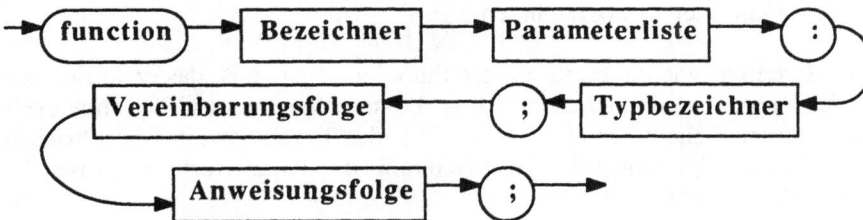

1.2.1.2 Datenschnittstelle: die Parameterliste

Eine Funktion ist offensichtlich einem Programm sehr ähnlich, denn sie enthält auch eine Vereinbarungs- und eine Anweisungsfolge. In diesen Teilen können die gleichen Objekte vereinbart und die gleichen Anweisungen verwandt werden wie in einem Programm. Der Unterschied zwischen den beiden Konstrukten besteht jedoch in der Kommunikation mit den anderen Teilen eines Programms. Dafür ist bei Funktionen die **Parameterliste** vorgesehen. Sie enthält alle

Objekte, die der Funktion zur Bearbeitung übergeben werden, wie etwa den string s in der Funktion "first". In dem Schema zur automatisierten Problemlösung entspricht ein **Parameter** dieser Art einer Eingabegröße. Sie wird in der Parameterliste benannt und beschrieben.

Für "first" ist dies

(s:string)

Die (vorläufige) Syntax der Parameterliste sieht so aus:

Parameterliste

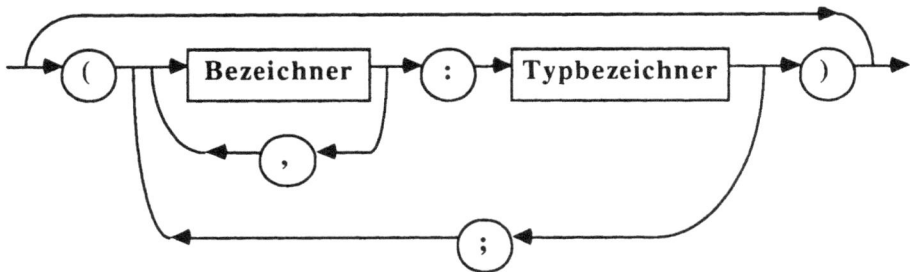

```
      ┌──────────────────────────────────────────────────────┐
      │                                                      ↓
──→─( ( )─┬→─┤ Bezeichner ├─→─( : )─→─┤ Typbezeichner ├─→─┬→─( ) )─→─
           │         ↑                                    │
           └←─( , )←─┘                                    │
      └←─────────────────( ; )←────────────────────────────┘
```

Woher die Werte der Parameter kommen, ob sie in einem anderen Programmteil eingelesen werden oder möglicherweise Ergebnisse anderer DV-Vorgänge sind, ist für die Formulierung der Funktion unerheblich. Insbesondere wird man Parameterwerte nie in der Funktion selbst einlesen, denn sie werden ja aus anderen Programmteilen übernommen.

Funktionen liefern wieder Werte ab, die Funktion "first" z.B. das erste Zeichen des in der Parameterliste stehenden string. Entsprechend dem bisher entwickelten allgemeinen Schema muß auch der Typ des Ergebniswertes beschrieben werden. Dies erfolgt hinter der Spezifizierung der Parameterliste, so bei der Funktion "first" durch

:char

Diese Typbezeichnung bezieht sich auf den Namen der Funktion.

Insgesamt sieht der Kopf der Funktion "first" folgendermaßen aus:

function first(s:string) : char;

Typ des Parameters s ⌐⌐ **Typ der Funktion first**

Hieran würden sich Vereinbarungs- und Anweisungsfolge für *first* anschließen, wenn diese Funktion nicht schon definiert wäre.

Übung 1: Wie sieht der Kopf für eine Funktion "invert" aus, die einen string als Eingabe akzeptiert und einen anderen (den invertierten) abliefert?

Man kann sich eine Funktion auch wie eine *black box* vorstellen, die einen Eingabeschlitz (die Parameterliste) und einen Ausgabeschlitz (ihren Namen mit der Typbezeichnung) hat:

Was im Inneren der *black box* vor sich geht, beschreibt die Anweisungsfolge der Funktion; die Objekte, die dabei noch zusätzlich zu den Parametern benötigt werden, werden in der Vereinbarungsfolge der Funktion benannt und beschrieben.
In der Anweisungsfolge der Funktion muß der Wert, den die Funktion wieder abliefern soll, per Wertzuweisung an den Namen der Funktion übergeben werden.

Bsp.: Hier soll gezeigt werden, wie man die Funktion "last", die das letzte Zeichen eines string abliefert, mit Hilfe der Funktionen "first", "rest" und "length" definieren kann. Die Idee dabei ist, solange einen string zu verkürzen, bis er nur noch aus einem Zeichen besteht. Dieses ist dann das letzte:

```
function last(s:string):char;
begin
while length(s)>1 do s:=rest(s);
last:=first(s)
end;
```

<u>Übung 2</u>: Führen Sie den Funktionsaufruf last('ABCD') anhand einer Trace-Tabelle aus.

<u>Übung 3</u>: Versuchen Sie, den bereits bekannten und unten wiedergegebenen Algorithmus zur Invertierung einer Zeichenkette in die Form einer Funktion zu bringen. Unterscheiden Sie dabei zwischen den Eingabegrößen des Algorithmus, die in der Darstellung einer Funktion als Parameter auftreten werden, und der Ausgabegröße, deren letzter Wert am Schluß der Funktionsvereinbarung dem Namen der Funktion zugewiesen wird. Verwenden Sie ggf. Hilfsvariablen.

```
...
var s1,s2 : string;
begin
read(s1);
s2:='';
while length(s1)<>0 do
          begin
          s2:=append(first(s1), s2);
          s1:=rest(s1)
          end;
```

1.2.1.3 Einbindung von Funktionen in ein Programm

Nachdem die Funktion so vereinbart wurde, kann sie nun, in der gleichen Weise wie die bereits vorhandenen, in anderen Programmteilen verwandt werden:

```
...
read(s);
write(s,' rückwärts gelesen ergibt ',invert(s));
...
```

Die Stellung der Funktionsvereinbarung ergibt sich aus folgender (immer noch vorläufigen) Syntax der

Vereinbarungsfolge

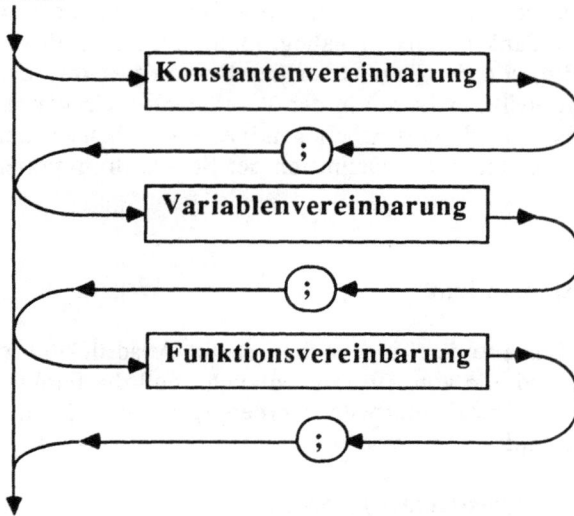

Ausschließlich durch Verwendung von Funktionen in Ausdrücken werden die in der Funktionsvereinbarung festgelegten DV-Prozesse aktiviert. Die Syntax von Ausdruck muß demzufolge um den **Funktionsaufruf** erweitert werden. Dies geschieht in "Faktor".

Faktor:

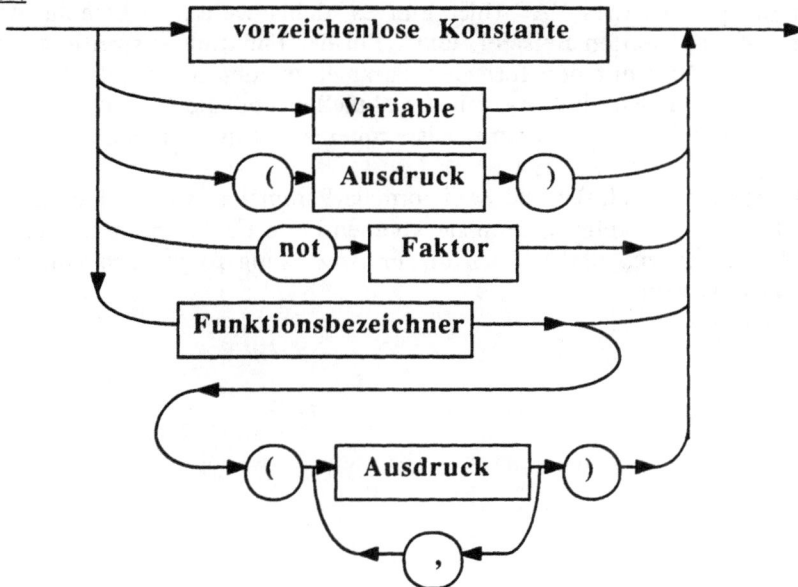

Beim Funktionsaufruf spielt der "Ausdruck" hinter dem "Funktionsbezeichner" in dem Syntaxdiagramm von "Faktor" die Rolle des **Aktualparameters**, des Objektes, das der Funktion als Eingabegröße dient. Es spielt beim Funktionsaufruf keine Rolle, wie der Bezeichner des **Formalparameters** in der Funktionsvereinbarung heißt, er ist nur in der Vereinbarung (Deklaration) der Funktion relevant. Das ist auch ganz naheliegend: es war ja bisher auch ohne Bedeutung, wie der Parameter in der Definition der Standardfunktionen (z.B. "first") heißt.

1.2.1.4 Funktionsaufruf

Funktionen werden aktiviert, indem man sie in Ausdrücken verwendet. Wie alle anderen Bestandteile von Ausdrücken auch, muß die Funktion ausgewertet werden, um im Ausdruck verarbeitet werden zu können. Einige Beispiele für Funktionsaufrufe sind:

wort := **append('A',rest(text)**)   oder
if **length(text)** > 0 then ...
wobei im ersten Beispiel der Ausdruck "append('A',rest(text))" lautete, im zweiten "length(text)>0".

Beim Funktionsaufruf werden zunächst die Werte der aktuellen Parameter, die syntaktisch selbst Ausdrücke sind, berechnet und an die Funktion übergeben; im ersten Beispiel ist dies "'A'" (hier gibt es nichts weiter zu berechnen) und "rest(text)", im zweiten Beispiel "text". Bei der Funktionsauswertung werden diese Werte dann mit den formalen Parametern identifiziert. Falls mehrere Parameter vorhanden sind, werden die aktuellen und die formalen Parameter durch ihre Stellung in der Parameterliste miteinander in Verbindung gebracht.

Es gilt hier die Regel, daß nie zwei formale Parameter in einer Parameterliste gleich benannt sein dürfen, denn sie könnten beim Funktionsaufruf verschiedene Werte besitzen und müssen in der Anweisungsfolge auch voneinander unterscheidbar sein.

Funktionsaufruf:

aktuelle Parameter

write(zeichenhaeufigkeit('Abrakadabra',last('abcb'));

Auswertung

'b'

Identifizierung

Funktionsvereinbarung:

function zeichenhaeufigkeit(text:string;zeichen:char) : integer;
...

formale Parameter

zeichenhaeufigkeit:= ....
end;

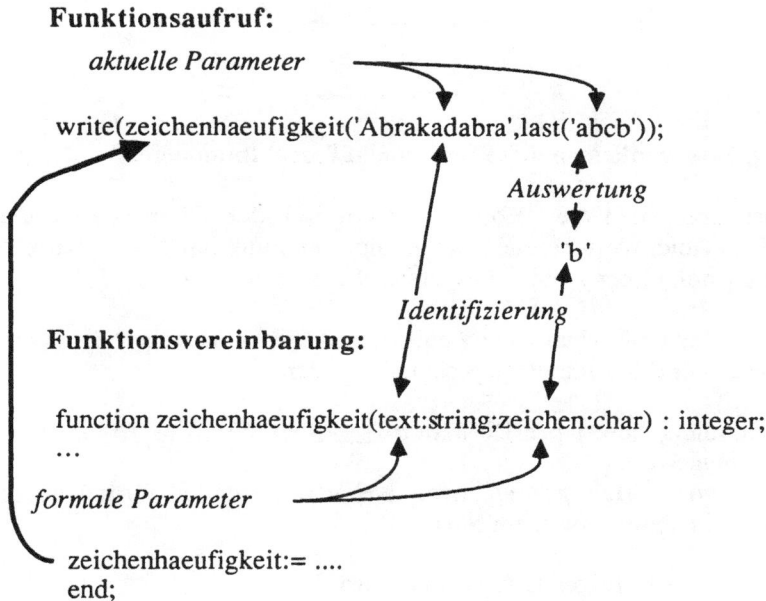

1.2.1.5 Zusicherungen (Partielle Funktionen)

Der Begriff der Funktion, wie er hier verwendet wird, hat einige Ähnlichkeit mit dem **Abbildungsbegriff** der Mathematik, deckt sich mit ihm aber nicht vollständig. Übereinstimmend mit der Abbildung oder Funktion aus dem Begriffssystem der Mathematik besteht die Funktionsvereinbarung sowohl aus

- der Beschreibung der Menge, der die **Funktionsargumente** oder **Parameter** (die Werte, auf die die Abbildung angewandt wird) entnommen werden (Definitionsmenge bzw. Parametertyp),

- der Charakterisierung der Ergebnismenge (Wertebereich bzw. Funktionstyp) und

- der Festlegung, wie die Resultate gewonnen werden (Abbildungsvorschrift bzw. Anweisungsfolge).

So lautet z. B. die übliche mathematische Beschreibung einer Abbildung f, die die Formel $1/(x^2+1)$ berechnet (x: ganze Zahl):

$$f: \qquad Z \longrightarrow R$$

$$x \longmapsto \frac{1}{x*x+1}$$

<u>Übung 4</u>: Wie würde man diese Funktion in Pascal formulieren?

Offenbar entspricht der Kopf der Funktion der Charakterisierung von Definitions- und Wertebereich, der Rumpf der Funktion (Vereinbarungs- und Anweisungsfolge) der Abbildungsvorschrift.

Der Unterschied zwischen einer Abbildung im mathematischen Sinne und einer Funktion in der Algorithmik ist jedoch folgender:

Eine Abbildung liefert per Definition <u>für jeden</u> Wert des Arguments <u>genau einen</u> Ergebniswert.
Dies gilt, wie gleich gezeigt wird, aus naheliegenden Gründen nicht für Funktionen in algorithmischem Sinn.

Man betrachte z.B. folgende Rechenvorschrift:

```
function kehrwert(n:integer):real;
begin
kehrwert:=1/n
end;
```

<u>Übung 5</u>: Für welchen Wert von n wird kehrwert(n) kein Resultat liefern?
Wie müßte eine korrekte Abbildung definiert sein, die auf diesen Umstand Rücksicht nimmt?

Abbildungen, die nicht für jeden Wert ihres Definitionsbereiches Resultate liefern, nennt man "partielle Funktionen". Solche, salopp formuliert, "Abbildungen mit durchlöchertem Definitionsbereich" trifft man häufig bei Funktionen in algorithmischem Sinne an. Bei ihnen festzustellen, daß sie in Wirklichkeit partielle Funktionen sind, ist durchaus nicht nur von akademischem Interesse, denn: kann das Verfahren für bestimmte Werte kein Resultat liefern, so hat das für die Abarbeitung des Algorithmus schwerwiegende Konsequenzen.

Entweder wird (bei Ausführung durch einen Automaten) ein Programmabbruch mit (hoffentlich) einer **Fehlermeldung** erfolgen oder aber die Ausführung des Verfahrens kommt zu keinem Ende (**Totschleife**), wie etwa bei folgender partieller Funktion:

```
function f(n,m:integer):integer;
var x,z:integer;
begin
x:=0;
z:=0;
while z<>m do
             begin
             x:=x+n;
             z:=z+1
             end;
f:=x
end;
```

<u>Übung 6</u>: Man führe die Trace-Tabelle für die Aufrufe f(2,3) und f(2,-3) aus.

Offensichtlich endet der Algorithmus für negative Werte von m nicht, er wird in einer Totschleife verbleiben. Alle Programme, die nicht für alle möglichen Eingabewerte ohne Abbruch zu einem Ende kommen, sind solche partiellen Funktionen.
Es ist realistisch anzunehmen, daß so gut wie alle längeren Programme nur partielle Funktionen und die Lücken im Definitionsbereich unbekannt sind.

Falls eine Rechenvorschrift eine partielle Funktion ist, sollte man anmerken, für welche Parameterwerte tatsächlich ein Resultat erzeugt werden kann, z.B.:

function kehrwert(n:integer {n<>0}):real;

Solche Aussagen zum Gültigkeitsbereich von Funktionen heißen **Zusicherungen**, sie sind oft nicht oder nur schwer zu gewinnen, sollten aber nach Möglichkeit notiert werden.

<u>Übung 7</u>: Notieren Sie den Kopf der Funktion f mit der entsprechenden Zusicherung.

1.2.1.6 Hierarchische Gliederung von Funktionen: das Blockkonzept

Zum Zweck einer klaren hierarchischen Gliederung von Algorithmen sollte immer ersichtlich sein, welche Objekte nur für die gerade beschriebenen Unteralgorithmen (hier: Funktionen) und welche auch in übergeordneten Algorithmusteilen Bedeutung haben. In Pascal wird eine solche Strukturierung dadurch unterstützt, daß nur teilweise bedeutsame Objekte als Parameterbezeichnungen verwendet oder in der Vereinbarungsfolge des Unteralgorithmus vereinbart werden. Solche Objekte heißen **lokal**.

In der Funktion f z.B. sind dies die Parameter n und m und die Variablen x und

z. Alle vier Bezeichner haben außerhalb von f keine Bedeutung. Falls außerhalb von f auch noch Objekte mit diesen Bezeichnern vereinbart wurden, haben sie nichts mit denen innerhalb von f zu tun.

In diesem Punkt unterstützt Pascal sehr gut die Methode des **Strukturierten Programmierens**, in manchen anderen Sprachen (etwa BASIC oder COBOL) muß man sich mit einer entsprechenden Namenswahl behelfen, die den lokalen Charakter von Objekten verdeutlicht und diesen beim Algorithmusentwurf auch berücksichtigen.

Die Möglichkeit, lokale Objekte zu vereinbaren, bezieht sich (z.B. in Pascal) auf alle Objekte, die man vereinbaren kann, also bisher auf Konstanten, Variablen und auch auf Funktionen. Wenn in der Vereinbarungsfolge einer Funktion wieder eine Funktion deklariert wird, hat man eine Schachtelung vorgenommen, die die eingeschachtelte Funktion vor anderen Algorithmusteilen verbirgt. Man wird derartiges immer dann tun, wenn die verborgene Funktion nicht in anderen Algorithmusteilen (Moduln) verwendet wird. Auf diese Weise sehen selbst kompliziert aus weiteren Teilen zusammengesetzte Moduln nach außen hin einfach aus, so, daß auf ihre innere Struktur keine Rücksicht genommen werden muß.

Somit ergeben sich zwei Kategorien von Objekten:
- **lokale Objekte**, die im Modul selbst vereinbart worden sind oder als seine Parameter auftreten und
- **globale Objekte**, die Parameter eines übergeordneten Moduls sind oder dort vereinbart wurden.

Folgendes Beispiel demonstriert diesen Unterschied. Dabei wird die oben definierte Funktion f in einer anderen namens g verwendet. Daß es die eingeschachtelte Funktion f überhaupt gibt, ist nur in g bekannt, man hat dadurch in anderen Moduln wieder die Freiheit, Objekte zu vereinbaren, ohne auf die Namensgebung der lokalen Objekte von g Rücksicht nehmen zu müssen.

```
function g (a,b:integer {b>=0}):integer;
        var r,s:integer;
        function f(n,m:integer {m>=0}):integer;
                var x,z:integer;
        begin
        x:=0;
        z:=0;
        while z<>m do
                begin
                x:=x+n;
                z:=z+1
                end;
        f:=x
        end; {of f}
```

```
begin {of g}
r:=1;
s:=0;
while s<>b do
        begin
        r:=f(r,a);
        s:=s+1;
        end;
g:=r
end; {of g}
```

Übung 8: Welche Objekte des obigen Algorithmus sind lokal bezüglich g bzw. f, welche global bezüglich f?

1.2.2 Modularer Entwurf eines Programms

Die im letzten Abschnitt vorgestellten Sprachelemente eignen sich nicht nur zur Formulierung, sondern auch zum Entwurf strukturierter Programme. In diesem Abschnitt werden einige wesentliche Begriffe der Programmstrukturierung und ihre Konkretisierung anhand der zuvor dargestellten Sprachelemente von Pascal entwickelt. Sowohl die Vorgehensweise als auch das Endprodukt zeichnen sich durch eine streng hierarchische Struktur aus. Dies resultiert aus der Tatsache, daß die meisten professionell erstellten Programme industrielle Produkte sind und damit sowohl arbeitsteilig entstehen als auch eine hierarchische Arbeitsteilung beim Einsatz unterstützen sollen. Es sind jedoch auch Entwurfstechniken im Gebrauch, die von den hier vorgestellten stark abweichen, insbesondere dann, wenn die Programme nicht im industriellen Umfeld entstehen.

1.2.2.1 Modulbaum

Durch die Möglichkeit, Programmteile ineinander zu verschachteln, kann eine hierarchische Algorithmusstruktur realisiert werden, bei der jedes Modul eine Teilfunktion wahrnimmt, die sich mit den Aufgaben der anderen Moduln nicht überschneidet.

Hierarchisch gegliederte Programme haben gegenüber nicht-hierarchisch aufgebauten folgende Vorteile:

- Sie lassen sich leicht weiterentwickeln, denn neu aufzunehmende Funktionen des Algorithmus können, wegen der Überschneidungsfreiheit der Modulaufgaben, nach dem Baukastenprinzip hinzugefügt werden.
- Es ist leichter zu überprüfen, ob ein Programm tatsächlich die gestellte Aufgabe löst, denn die Teilstrukturen sind alle einfach und bauen aufeinander auf.
- Bei Änderungen des Programms können Fernwirkungen auf Moduln, die nicht von der Änderung betroffen sein sollten, vermieden werden.
- Es ist besser möglich, die Struktur des Programms zu verstehen, denn statt der gesamten Problemlösung sind jeweils nur einzelne kleinere Moduln in ihrem Zusammenwirken zu betrachten.

Alle diese Vorteile machen sich aber nur dann bemerkbar, wenn die Modularisierung auch in diesem Sinne vorgenommen wird. Auch ein Programm, das in verschachtelte Teile aufgegliedert ist, kann unstrukturiert sein, wenn nicht bestimmte Forderungen erfüllt sind:

1. Die Problemlösung wird in überschneidungsfreie Teilfunktionen zerlegt.

2. Die Schnittstellen zwischen den Moduln sind einfach.

3. Die Moduln selbst sind klein. Die Obergrenze der Modulgröße sollte bei etwa einer Seite Programmcode liegen.

4. Die Gesamtproblemlösung hat die Form eines **Modulbaumes**.

Die letzte Forderung soll nun genauer untersucht werden.

Stellt man die Abhängigkeit der Programmteile untereinander dar, so erhält man i. allg. ein Netz von Moduln (die Pfeile sollen kennzeichnen, welches Modul welche anderen aufruft):

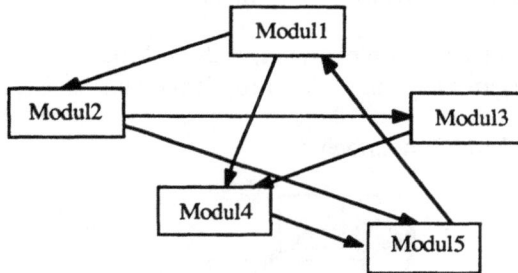

```
                    ┌─────────┐
                    │ Modul1  │
                    └─────────┘
   ┌─────────┐                    ┌─────────┐
   │ Modul2  │ ─────────────────▶ │ Modul3  │
   └─────────┘                    └─────────┘
          ┌─────────┐
          │ Modul4  │
          └─────────┘    ┌─────────┐
                         │ Modul5  │
                         └─────────┘
```

Ein so strukturierter Algorithmus hat einen sehr komplizierten Aufbau. Die Wechselwirkungen der Moduln untereinander sind nur schwer zu durchschauen und Änderungen an einem Teil des Algorithmus können unvorhersehbare Auswirkungen auf andere Teile zur Folge haben.
Aus diesen Gründen ist es wünschenswert, die Moduln stattdessen in Baumform zu gliedern:

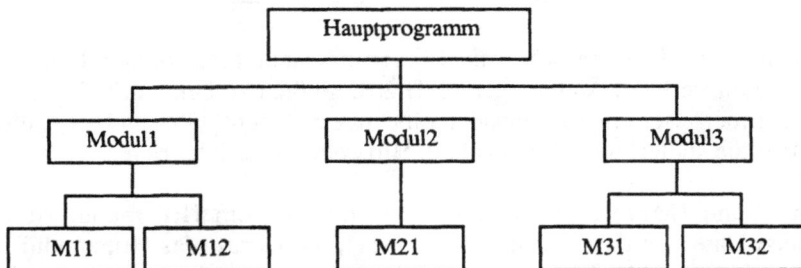

```
                    ┌──────────────┐
                    │ Hauptprogramm│
                    └──────────────┘
        ┌───────────────┼───────────────┐
   ┌─────────┐     ┌─────────┐     ┌─────────┐
   │ Modul1  │     │ Modul2  │     │ Modul3  │
   └─────────┘     └─────────┘     └─────────┘
    ┌──┴──┐             │            ┌──┴──┐
 ┌─────┐┌─────┐     ┌─────┐      ┌─────┐┌─────┐
 │ M11 ││ M12 │     │ M21 │      │ M31 ││ M32 │
 └─────┘└─────┘     └─────┘      └─────┘└─────┘
```

Eine saubere Strukturierung erfordert, daß jedes Modul nur die direkt von ihm abhängigen der Ebene unmittelbar darunter aktivieren darf und daß jedes aktivierte Modul nur zum rufenden zurückkehrt.

Übung 1: Welche Moduln sollte das Hauptprogramm demzufolge nur aktivieren
dürfen, welche "Modul3"?

Übung 2: Man entwerfe den Modulbaum für einen Algorithmus, der folgendes
tut: Er liest die Namen und Anschriften einer Reihe von Personen und druckt
alle Adressen aus, die in einem bestimmten Zustellbezirk liegen, und zwar
sortiert wahlweise nach dem Nachnamen oder der Postleitzahl. Der Algorithmus
soll folgende Moduln enthalten:
Adreßverarbeitung (Hauptprogramm), Eingabe, Sortieren, Adressenwählen,
Ausgabe, Verarbeitung, Namenlesen, Anschriftlesen, Namendrucken, Anschriftdrucken.

1.2.2.2 Mehrfachverwendung von Moduln

Es kann durchaus die Situation eintreten, daß ein Modul H mehrfach verwendet
werden soll. In diesem Fall gibt es drei Möglichkeiten:

1. Man notiert das Modul mehrfach:

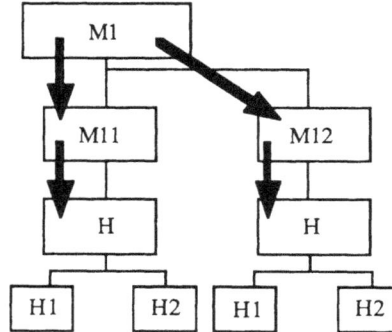

Durch diese Maßnahme wäre die Forderung nach funktionaler Überschneidungsfreiheit verletzt. Änderungen an H z.B. müßten an beiden Stellen simultan
vorgenommen werden (es entsteht eine unerwünschte Redundanz), dies ist
sicherlich die schlechteste Möglichkeit, Hilfsmoduln zu integrieren.

2. Ein Modul (M11) gibt die Kontrolle und die vom Hilfsmodul zu verarbeitenden Daten an das rufende zurück (M1), dieses ruft das Hilfsmodul H auf
und aktiviert anschließend wiederum das zuerst betrachtete (M11) und gibt
dabei die Resultate der Arbeit von H an dieses (M11) zurück:

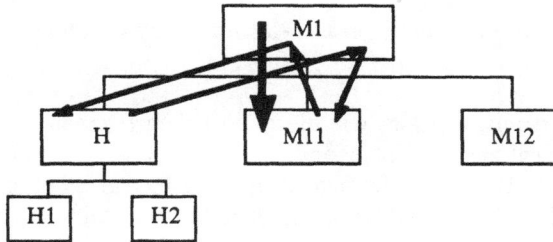

Bei Mehrfachverwendung von H durch M12 könnte man entsprechend verfahren, H also über M1 von M12 aus rufen.

Es ist hierbei notwendig, eine **Statusvariable** mitzuführen, die dem steuernden Modul den Zustand des Algorithmus mitteilt. An ihr muß z.B. M1 erkennen können, ob es H aktivieren muß oder nicht. Solche Variablen nennt man **Flags** (Flaggen).

Bei diesem Verfahren bleibt die Baumstruktur erhalten, aber der Kontrollfluß und die Datenschnittstellen komplizieren sich. Es bietet sich an, wenn das Hilfsmodul aus nicht zu großer Tiefe zu aktivieren ist, also nur wenige Moduln zu durchqueren sind.

3. Man konstruiert einen Teilbaum mit der Wurzel H, der global bzgl. des betrachteten Modulbaums ist, also von jedem seiner Moduln verwendet werden kann. Alle Moduln der Gattung M können dann H aufrufen. Hier wird zwar die Baumstruktur durchbrochen, die Aufteilung des entstehenden Netzes in zwei (oder mehr) Bäume bliebe aber noch relativ übersichtlich, vor allem, wenn das Hilfsmodul keinen Einfluß auf die Objekte des Baums der Gattung M... hat. Hier ist die Verwendung lokaler Größen besonders vorteilhaft, denn wenn H nur lokale Objekte besitzt, sind Fernwirkungen auf den M...-Baum ausgeschlossen.

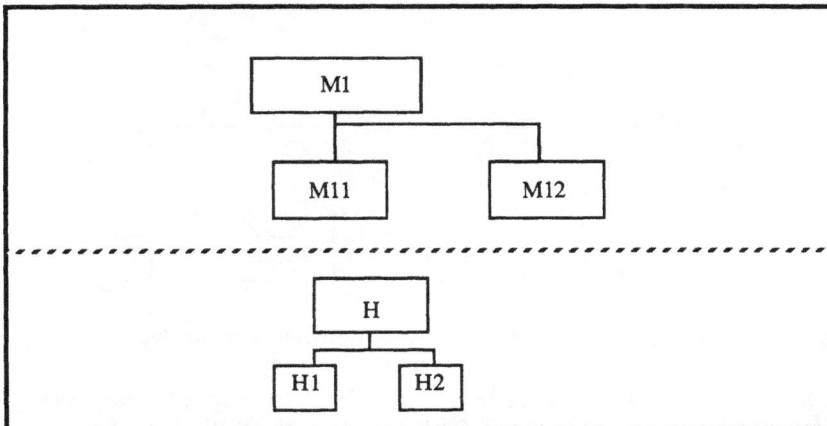

1.2.2.3 Gültigkeitsbereich von Namen, strukturierte Aufrufhierarchie

Es soll nun untersucht werden, wie die oben beschriebenen Regeln in der Entwurfssprache Pascal zu realisieren sind.

Der entscheidende Begriff in Sprachen, die wie Pascal blockorientiert sind, ist der **Gültigkeitsbereich von Namen** (Bezeichnern). Außerhalb seines Gültigkeitsbereiches ist ein Name unbekannt, im Falle von Modulnamen (bisher: Funktionen) bedeutet dies, daß das Modul nur innerhalb seines Gültigkeitsbereiches aktivierbar ist, im Falle von Konstanten und Variablen gibt er an, wo sie zu verwenden sind.

Ein Pascal-Programm hat immer eine Baumstruktur. Das jeweils betrachtete Modul bildet die Wurzel des Baums, der aus ihm selbst und allen im betrachteten Modul vereinbarten Objekten besteht.

Z.B. hat das Programm

```
program p;
function f1 ... ;
                    function f11 ...;
                    function f12 ...;
                                        const pi=3.14;
                                        function f121 ...;
                                        function f122 ...;
function f2 ...;
                    function f21 ...;
                                        function f211 ...;
                                        function f212 ...;
                    function f22 ...;
                                        function f221 ...;
```

folgenden Modulbaum:

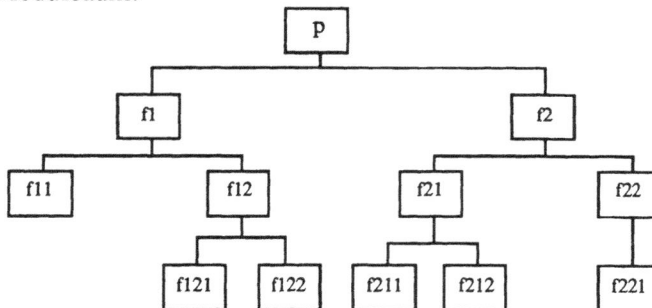

In Pascal gilt nun folgende Regel zum Gültigkeitsbereich von Namen:

Ein Modul vererbt die Gültigkeit der Namen der in ihm vereinbarten Objekte auf den ganzen Teilbaum, dessen Wurzel es ist.

Übung 3: In welchem Modul sind f1 bzw. f21 vereinbart worden? Von welchen Moduln können f1 bzw. f21 aktiviert werden? In welchen Moduln ist die Konstante "pi" bekannt? An welcher Stelle eines Modulbaums fügt man einen Teilbaum an, der allen Teilen des ursprünglichen Baumes bekannt sein soll?

1.2.2.4 Top-Down-Entwicklung von Programmen

Die **Modularisierung** von Programmen bietet neben Vorzügen, die die Qualität von Software sichern (leichte Änderbarkeit, Wartbarkeit, Lesbarkeit, Prüfbarkeit) außerdem noch Hilfen bei der Programmerstellung. Es ist dies die Methode der **Top-Down-Entwicklung** von Programmen.

Unter diesem Terminus versteht man die **schrittweise Verfeinerung** (*stepwise refinement*) von Programmen von der Problemebene (Top) zur Maschinenebene (Down). Sie unterstützt die Trennung zwischen der funktionalen Lösung des Problems (des Algorithmus) von der technischen (dem Anweisungsvorrat der Maschine) in dem Sinne, daß erst spät auf die Eigenheiten der verwendeten Basismaschine (Programmiersprache mit Rechner) eingegangen werden muß.

Beginnend mit dem Modul auf oberster Ebene werden zunächst diejenigen Moduln geplant, die die Hauptaufgaben, in die sich die Problemlösung gliedert, erledigen. Auf dieser und auf allen anderen Ebenen wird das Problem von der Gesamtheit aller Moduln der Ebene gelöst. Ist eine Teilproblemlösung noch sinnvoll modularisierbar, so fungiert sie als Platzhalter für diejenigen Moduln, aus denen sie zusammengesetzt ist. Als Beispiel dafür soll das Übungsproblem des letzten Abschnitts dienen. Es folgt zunächst die erste Stufe der Verfeinerung:

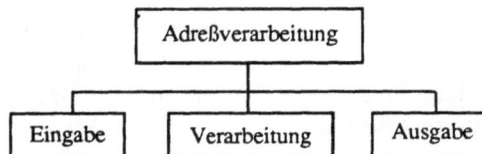

Adreßverarbeitung — Eingabe, Verarbeitung, Ausgabe

Jedes Modul wird als Platzhalter für die Aufgabenlösung angesehen und im Verlauf der Verfeinerung durch diejenigen Moduln ersetzt, aus denen es besteht:

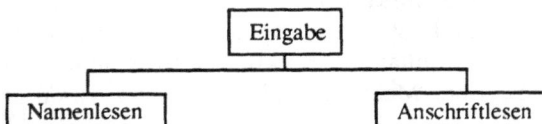

Eingabe — Namenlesen, Anschriftlesen

Ebenso verfährt man mit den anderen Moduln:

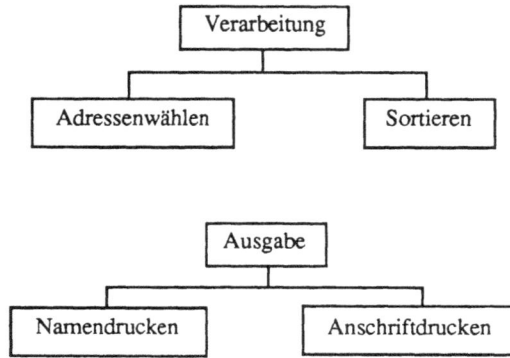

```
                    ┌──────────────┐
                    │ Verarbeitung │
                    └──────────────┘
              ┌──────────┴──────────┐
    ┌─────────────────┐     ┌────────────┐
    │ Adressenwählen  │     │ Sortieren  │
    └─────────────────┘     └────────────┘
```

```
                    ┌──────────┐
                    │ Ausgabe  │
                    └──────────┘
              ┌─────────┴─────────┐
    ┌───────────────┐     ┌──────────────────┐
    │ Namendrucken  │     │ Anschriftdrucken │
    └───────────────┘     └──────────────────┘
```

Der Modulbaum auf dieser Stufe der Verfeinerung hat also folgende Gestalt:

```
                         ┌──────────────────┐
                         │ Adreßverarbeitung │
                         └──────────────────┘
        ┌────────────────────────┼────────────────────────┐
  ┌──────────┐             ┌──────────────┐          ┌──────────┐
  │ Eingabe  │             │ Verarbeitung │          │ Ausgabe  │
  └──────────┘             └──────────────┘          └──────────┘
   ┌────┴────┐              ┌──────┴──────┐           ┌─────┴─────┐
┌──────────┐┌──────────────┐┌──────────────┐┌──────────┐┌──────────────┐┌──────────────────┐
│Namenlesen││Anschriftlesen││Adressenwählen││Sortieren ││Namendrucken  ││Anschriftdrucken  │
└──────────┘└──────────────┘└──────────────┘└──────────┘└──────────────┘└──────────────────┘
```

Auf der untersten Ebene der Verfeinerung wird die technische Lösung realisiert. Erst hier werden technische Einzelheiten, wie z.B. die physische Darstellung der Daten (Format der Daten und Datenträger) festgelegt. Durch die Trennung von der funktionalen Ebene kann das Programm dann leicht auf eine andere Systemumgebung angepaßt werden, indem man die Moduln ändert oder austauscht.
Auch für den Fall, daß sich herausstellt, daß die Algorithmen nicht effizient genug arbeiten (zuviel Zeit oder Speicherplatz konsumieren), kann durch Austausch gegen andere Moduln die Gesamtproblemlösung optimiert werden, ohne daß die Struktur zerstört wird.

Bei der Codierung des Programms, d.h. bei der Formulierung des Algorithmus in der Implementationssprache, kann man analog vorgehen, indem man zuerst die Moduln auf den oberen Ebenen ausformuliert und die abhängigen Moduln mit sogenannten **Programmknospen** (auch **Stummel** oder *stubs*[26] genannt) simuliert. Eine Programmknospe besteht nur aus der Datenschnittstelle, d.h. den Parametern bzw. dem Resultat des Funktionsaufrufs, und einer Simulation der Modulaktivität, z.B. einer Meldung, daß es aktiviert wurde und dem willkür-

---
[26] engl. *stub*, Stumpf, Stummel

lichen Setzen von Ausgabedaten.

So könnte bei der Entwicklung des Moduls "Verarbeitung" die Programmknospe "Sortieren" eine Meldung

write('Sortierten aktiviert')

ausgeben und die Daten unsortiert wieder an das rufende Modul abgeben. So
kann schon das Zusammenspiel der Moduln untereinander ausgetestet werden,
bevor im Verlauf der Top-Down Entwicklung des Programms die Moduln auf
einer unteren Ebene vollständig schriftlich fixiert worden sind. Im nächsten
Schritt der Verfeinerung wird dann "Sortieren" ausformuliert, unter Verwendung von Programmknospen für die von diesem Modul benutzten Unterprogramme.
In blockorientierten Sprachen wie Pascal ist die Verwendung von Programmknospen besonders komfortabel, denn alle Objekte, die man in einer Knospe
vereinbart, vererben sich auf die von ihr abgehenden Moduln.

1.2.2.5 Prozeduren

Im Grunde genügt zur Modularisierung allein das Konzept der Funktion: ein
Strom von Daten wird an das Modul abgegeben, dieses wiederum liefert den
bearbeiteten Datenstrom an das nächste Modul ab. Manche Programmiersprachen kennen infolgedessen auch nur Funktionen als Möglichkeit der Modularisierung, z.B. Lisp oder Logo. In den meisten anderen Programmiersprachen
jedoch gibt es außerdem noch das **Prozedurkonzept**, das nun vorgestellt
werden soll.

Ebenso wie eine Funktion stellt eine Prozedur einen Programmtext dar, der
benannt wurde und von allen Stellen aus, an denen er bekannt ist, aktiviert
werden kann. Der wesentliche Unterschied zwischen Prozeduren und Funktionen ist, daß Prozeduren keine Werte (Resultate) unter ihrem Namen abliefern.
Sie sind lediglich Zusammenfassungen von Anweisungen, und der Prozeduraufruf ist selbst eine Anweisung. In der Syntax der Prozedurvereinbarung fehlt
demzufolge auch die Angabe eines Ergebnistyps, denn ein Ergebnis wie bei
einer Funktion gibt es nicht:

Prozedurvereinbarung

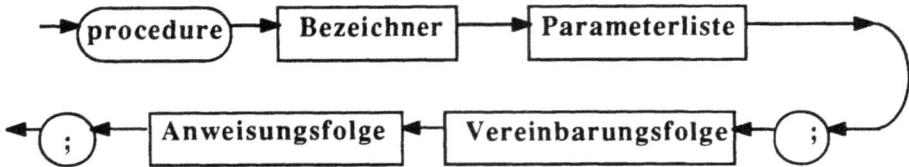

```
 →(procedure)→ [Bezeichner] → [Parameterliste] ────→
 ←(;)← [Anweisungsfolge] ← [Vereinbarungsfolge] ←(;)←
```

Prozeduren setzt man überall dort ein, wo lediglich eine Reihe von Anweisungen zusammengefaßt wird, soll in Ausdrücken ein Wert durch ein gesondertes Modul berechnet werden, so ist das Funktionskonzept angemessen.

Die Aktivierung der Prozedur erfolgt durch den **Proceduraufruf**. In vielen Sprachen benutzt man dazu eine *call*-Anweisung, etwa

call fehlerbehandlung

oder ähnliches. In Pascal ist auf ein gesondertes Schlüsselwort verzichtet worden, die Prozedur wird allein durch Niederschrift ihres Namens (Bezeichners) aktiviert. Der Proceduraufruf ist syntaktisch eine Anweisung, während der Funktionsaufruf syntaktisch einen Faktor darstellt[27]. Die Aktivierung einer Prozedur "fehlerbehandlung" würde also in Pascal durch

fehlerbehandlung;

vorgenommen werden.

Die Parameterliste hat dieselbe Gestalt und Aufgabe wie bei Funktionen, bedient also die Datenschnittstelle.

Übung 4: Verfeinern Sie das Modul "Ausgabe" mit Hilfe von Prozeduren und Programmknospen für die Moduln "Namendrucken" und "Anschriftdrucken". Name und Anschrift seien jeweils geeignete record-Strukturen. Es soll durch die Aktivierung von "Ausgabe" eine Liste folgender Art entstehen:

Name   Anschrift

Liese Meier   Blümchenweg 13, 5243 Oberdorf
Charles M. Schultz   Peanutweg 12, 1234 Hüttenhausen
...

---

[27] Dieser Umstand erzwingt überall dort, wo das Ergebnis nicht die syntaktische Form eines "Faktors" hat, die Verwendung von Prozeduren.

1.2.2.6 Modulschnittstellen: die Parameter

Der Import von Daten in ein Modul wird mit dem bisher behandelten Parametertyp bewerkstelligt. Ein wichtiges Kriterium für die Sicherheit von Software ist in diesem Zusammenhang, daß die importierten Daten durch Aktivierung der Prozedur oder Funktion keine Änderung erfahren; z.B. müßte man sich als Programmierer darauf verlassen können, daß die Namen und Anschriften, die man dem Modul "Ausgabe" zur Verwendung übergibt, nicht durch die Aktivität des Moduls verändert werden. Möglicherweise will man nach der Ausgabe die Daten unverändert auf einem externen Speichermedium ablegen und zur späteren Weiterverarbeitung sichern.
Parameter solcher Art nennt man **Eingabeparameter** oder **parametrische Konstanten**. Auf sie ist nur ein lesender Zugriff seitens des gerufenen Moduls erlaubt.

Die Übergabe eines Wertes beim Modulaufruf an einen Eingabeparameter heißt *call by value* oder **Wertaufruf**. Das bedeutet, daß ausschließlich der Wert des Aktualparameters abgeliefert wird. Demzufolge ist es auch sinnvoll, als Aktualparameter einen Ausdruck zu verwenden (Konstante, Variablen mit Operatoren).

Es hängt von der verwendeten Programmiersprache ab, ob Sicherungen gegen Änderungen von Eingabeparametern vorhanden sind; in Pascal beispielsweise ist dies der Fall: parametrische Konstanten haben nach Übergabe und darauf folgende Aktivierung der Prozedur oder Funktion mit Sicherheit denselben Wert wie zuvor. In vielen anderen Sprachen gibt es Sicherungen dieser Art nicht, es bleibt dem Programmierer überlassen, schreibende Zugriffe auf Eingabeparameter zu vermeiden[28].

Es gibt jedoch Situationen, in denen auch ein schreibender Zugriff auf Parameter wünschenswert ist. Diesen Typ von Parametern nennt man, wenn er vor dem Modulaufruf keinen Wert hatte, also der Wert des Parameters ausschließlich durch die Modulaktivität festgelegt wird, **Ausgabeparameter**.
Hatte der Parameter schon einen Wert und wird dieser auch zur Verarbeitung benötigt, so heißt er **Durchgangs-** oder **Transientenparameter**. Beide Parametertypen nennt man **parametrische Variablen**.

Der Modulaufruf mit einem Aktualparameter, der mit einem Durchgangs- oder Ausgabeparameter identifiziert wird, heißt *call by reference*. Hier wird nicht der Wert des Parameters, sondern die Stelle, an dem er im Speicher abgelegt ist, übergeben (die Adresse des Aktualparameters). Man referenziert

---

[28] So gibt es z. B. ältere FORTRAN-Versionen, bei denen selbst ein Zahlsymbol, wie beispielsweise die "4", bei Verwendung als Parameter nicht gegen Wertveränderung geschützt ist und nach Ausführung des gerufenen Moduls einen anderen als seinen Standardwert haben kann.

die Variable, zeigt sozusagen auf sie und läßt im Modul direkt mit ihr arbeiten.

Es ist sehr wichtig, die Parameter nach dem oben angegebenen Schema zu klassifizieren und diese Klassifikation auch der Programmdokumentation beizufügen, weil eine unkontrollierte Verwendung von Objekten als Eingabe-, Ausgabe- oder Durchgangsparameter Programme undurchsichtig werden läßt und so zu Fehlern führen kann.

Übung 5: Klassifizieren Sie die im Adressenproblem auftretenden Parameter nach Eingabe-, Durchgangs- und Ausgabeparametern.

In Pascal gibt es nur die beiden Kategorien parametrische Konstante (Eingabeparameter) und parametrische Variable (Durchgangs- und Ausgabeparameter). Parametrische Variablen sind durch das Schlüsselwort **var** vor ihrem Bezeichner in der formalen Parameterliste zu kennzeichnen. Die Syntax der Parameterliste unter Einschluß der parametrischen Variablen sieht so aus:

Parameterliste

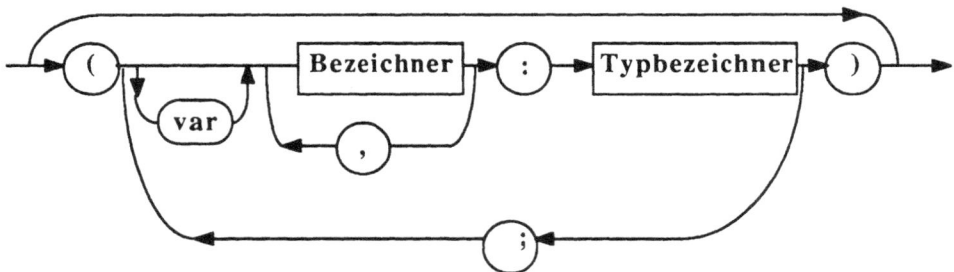

Übung 6: Formulieren Sie die Modulköpfe (Prozedur- oder Funktionskopf mit formaler Parameterliste) der Moduln "Eingabe", "Namenlesen" und "Anschriftlesen" in korrekter Pascal-Syntax.

Übung 7: Formulieren Sie das ursprüngliche Beispielproblem der "Zeichenzahltabelle" (Abschnitte 1.1.1 und 1.1.2) vollständig in Pascal aus.

1.2.3 Rekursive Algorithmen

Die **Programmschleife**, die uns in Form der Wiederholungsstrukturen "while ... do" und "repeat ... until" begegnet ist, stellt ein Zugeständnis an eine Rechnertechnik dar, bei der Ressourcen knapp sind. So ist es ein kennzeichnendes Merkmal der Programmschleife, daß Variablen mehrfach verwendet werden, indem sie nacheinander die unterschiedlichen Werte der einzelnen Schleifendurchläufe erhalten und so Speicherplatz eingespart wird. Gerade dieser Umstand macht Programme mit Schleifen leicht unübersichtlich; die Tatsache, daß die Rechtfertigung der Schleife in der Rechnertechnik zu suchen ist, macht ihr Verständnis für den Anfänger nicht leichter.

Das grundlegende Prinzip jeder Wiederholung ist die **Rekursion**, der **Selbstbezug**. Mit Hilfe eines Rekursionsschemas lassen sich Wiederholungen präzise fassen, ohne sie durch technische Absonderlichkeiten (s.o.) zu belasten. Will oder muß man auf die Beschränkungen der Rechnertechnik Rücksicht nehmen, so muß man auf die begriffliche Klarheit einer rekursiven Programmiertechnik beim Programmentwurf nicht verzichten: für wichtige Spezialfälle rekursiver Verfahren existieren nämlich Umformungsregeln, die Schleifenstrukturen liefern. Diese werden am Ende des Abschnitts dargestellt.

1.2.3.1 Rekursion

Es gibt neben dem Fall, in dem Moduln mehrfach verwendet werden sollen, noch eine weitere Situation, in der die strenge Aufrufhierarchie ("Jedes Modul darf nur vom direkt übergeordneten aktiviert werden") durchbrochen werden darf. Es ist dies die Selbstaktivierung eines Moduls. Sie ist immer dann angebracht, wenn das Rechenverfahren, das durch das Modul realisiert wird, sich auf sich selbst stützt. Solche Verfahren heißen **rekursiv**.

F. L. Bauer gibt hierfür ein anschauliches Beispiel aus dem "täglichen Leben":

"Wie fängt man ein Rudel Löwen in der Wüste? Man fängt einen Löwen und führt damit die Aufgabe auf einen einfacheren Fall zurück."[29]

Kennzeichnend für eine solche Problemlösungsstruktur ist, daß die Lösung eines komplexen Problems durch einen möglichst elementaren Verarbeitungsschritt auf die Lösung eines gleichgearteten, aber weniger komplexen Falls zurückgeführt wird. Dadurch hat man die Problemlösung reduziert auf die Rückführung auf einen "einfacheren Fall" und die Behandlung des "trivialen Falls".

Im Grunde verwendet man solche Methoden ständig im Alltag, z.B. beim Abar-

---

[29] Informatik, Teil 1, Berlin 1982, S.103

beiten eines (Akten-) Stapels:

Man bearbeite die erste Akte und nehme sich anschließend, falls dieser nicht leer ist, den restlichen Aktenstapel nach demselben Verfahren vor.

oder, bei einem mathematischem Problem, dem Aufsuchen des Maximums einer Zahlenreihe:

Das Maximum einer Zahlenreihe ist das größere der Maxima zweier Teilreihen, in die man die Reihe aufspalten kann. Das Maximum einer Reihe aus einem Element ist das Element selbst.

Es ist offensichtlich, daß die Rekursion eine Form der Wiederholung ist. Die Wiederholungen, die bisher thematisiert wurden, lassen sich alle auch in rekursiver Weise formulieren, obwohl dies nicht immer angebracht ist.

Rekursion ist mehr als ein spezielles Verfahren der Algorithmik; sie ist ein fundamentales Konzept der Mathematik. So lassen sich beispielsweise die Eigenschaften der natürlichen Zahlen und der Umgang mit ihnen nur rekursiv formulieren. Man denke z.B. an den Vorgang des Zählens:

Die Anzahl von Objekten in einer Menge ist der Nachfolger der Anzahl der Elemente jener Menge, von der man ein Objekt entfernt hat. Die Anzahl der Objekte einer leeren Menge ist Null.

Man muß zum Zählen nur wissen, wie man den Nachfolger einer natürlichen Zahl erhält (beim Fingerrechnen durch Hinzunahme des nächsten Fingers) und wie man ein Objekt aus einer Menge entfernt (sich merkt, daß es schon gezählt worden ist).

Als Beispiel für einen bereits wohlbekannten Zählvorgang soll die Bestimmung der Anzahl der Zeichen einer Zeichenkette dienen. Die Beschreibung dessen, was unter der Anzahl zu verstehen ist, könnte folgendermaßen lauten:

Die Anzahl der Zeichen in einer Zeichenkette ist der Nachfolger der Anzahl der Zeichen der um ein Zeichen verkürzten Zeichenkette. Die Anzahl der Zeichen in einer leeren Zeichenkette ist Null.

Die Funktion "length", die die Anzahl ermittelt, könnte also etwa folgendermaßen in Pascal-Formulierung aussehen:

```
function length(zeichenkette:string):integer;
begin
if zeichenkette=" {leere Zeichenkette} then length := 0
            else length := succ(length(rest(zeichenkette)))
                          {oder := length(rest(zeichenkette)) + 1}
end
```

Der rekursive Charakter von "length" in dieser Version zeigt sich am Aufruf der Funktion in ihrer eigenen Anweisungsfolge.

<u>Übung 1</u>: Formulieren Sie die Funktion "zeichenzahl" rekursiv.

Das Standardbeispiel für eine naturgemäß rekursive Problemstellung ist die Fakultätsfunktion. Sie ist folgendermaßen definiert[30]:

$$\text{fakultät(n)} = \begin{cases} n*\text{fakultät(n-1), falls n>0} \\ 1, \text{sonst} \end{cases}$$

<u>Übung 2</u>: Formulieren Sie diese Funktion in Pascal.

<u>Übung 3</u>: Bestimmen Sie anhand der Definition der Fakultät den Wert fakultät(4) "von Hand", also ohne Benutzung eines Rechners.

Oft ist eine rekursive Formulierung wesentlich einfacher zu erstellen als eine Problemlösungsstrategie ohne die Möglichkeit des Selbstaufrufs. Man erinnere sich an die Inversion einer Zeichenkette. Die rekursive Formulierung erhält man ganz zwanglos aus der Beschreibung der Eigenschaft einer invertierten Zeichenkette:

Die invertierte Zeichenkette ist gleich der Zeichenkette, die durch Anfügen des letzten Zeichens der ursprünglichen Zeichenkette an den Anfang der Inversion der Zeichenkette ohne das letzte Element entsteht. Die Invertierte einer leeren Zeichenkette ist die leere Zeichenkette.

Z.B.: Die Inversion von 'Ameise' kann gewonnen werden, indem man 'Ameis' invertiert und an den Anfang der Invertierten das 'e' setzt:
invert('Ameise') = append('e',invert('Ameis')). Wenn man nun noch die Beschreibung der Inversion auf eine beliebige Zeichenkette verallgemeinert und auch den "trivialen Fall" der leeren Zeichenkette berücksichtigt, erhält man sofort die rekursive Formulierung dieser Funktion.

<u>Übung 4</u>: Formulieren Sie "invert" rekursiv.

---

[30] siehe auch Abschnitt 1.1.3.3

1.2.3.2   Aufrufmechanismus rekursiver Verfahren

Meist kann man sich bei der ersten Begegnung mit rekursiven Rechenverfahren des Eindrucks nicht erwehren, daß man "sich am eigenen Schopf aus dem Sumpf zieht". Es ist zunächst nicht auszumachen, an welcher Stelle des Algorithmus die vollständige Lösung notiert ist.

Daß es sich bei rekursiven Rechenverfahren um durchaus konventionelle Vorgänge handelt, sieht man sofort ein, wenn man den Aufrufmechanismus genauer untersucht. Am Beispiel von fakultät(4) wird dies weiter unten vorgeführt.

Bei jedem Funktionsaufruf wird die Funktion neu abgearbeitet, die formalen Parameter werden durch die Werte des Aktualparameters ersetzt und die Anweisungsfolge der Funktion ausgewertet. Falls sie einen Funktionsaufruf enthält, wird, bevor die Auswertung der gerade betrachteten Funktion abgeschlossen werden kann, erst der Wert der aufgerufenen Funktion errechnet. Daß es sich in unserem Fall um dieselbe Funktion handelt, spielt bei der Ausführung durch den Automaten keine Rolle. Wenn man möchte, kann man gedanklich die verschiedenen Versionen der Funktion, die zur Laufzeit verwendet werden (die **Inkarnationen** der Funktion), durchnumerieren und so von den anderen Inkarnationen unterscheiden.

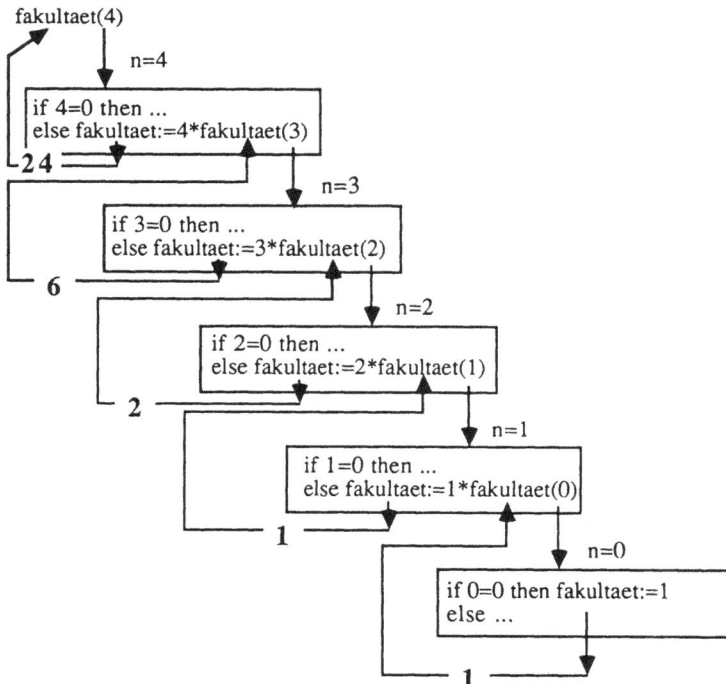

Erst wenn der Wert einer Funktionsinkarnation vollständig ermittelt worden ist, also kein rekursiver Aufruf erfolgt (hier fakultaet(0)=1), kann mit der Auswertung der Inkarnation auf darüberliegender Stufe fortgefahren werden (hier fakultaet(1)) u.s.w. durch alle Stufen hindurch.

Dieses Schema wird auch **Nachklappern** der Berechnung genannt; es ist typisch für rekursive Rechenverfahren.

An dieser Stelle wird auch klar, daß für eine rekursive Formulierung eines Algorithmus das Funktions- oder Prozedurkonzept zwingend erforderlich ist. Es muß möglich sein, Parameter zu übergeben und ein Modul durch Namensnennung (oder ggf. durch Sprung) zu aktivieren. Überall dort, wo rekursive Verfahren programmiert werden, benutzt man das Funktions- oder Prozedurkonzept, auch wenn es nicht explizit so genannt wird. Zweifellos läßt sich eine rekursive Technik in solchen Sprachen am besten einsetzen, die Funktionen oder Prozeduren besitzen, ein Parameterkonzept ist in jedem Fall erforderlich.

<u>Übung 5</u>: Untersuchen Sie die Aufrufhierarchie für die rekursive Erarbeitung des Werts von *invert('abc')*.

1.2.3.3 Rekursive Programmierungstechnik

Folgendes kennzeichnet eine rekursive Algorithmusformulierung:

1. Die Problemlösung wird durch jeden rekursiven Aufruf auf eine niedrigere Komplexitätsstufe zurückgeführt.

2. Es wird beschrieben, wie man aus der Lösung des Problems, das um eine Stufe vereinfacht wurde, die Gesamtlösung ermittelt.

3. Es wird die Lösung des Problems für den einfachsten, trivialen Fall explizit, d.h. ohne rekursiven Aufruf, angegeben.

4. Damit der Algorithmus terminiert, muß das Problem in endlich vielen Schritten auf den trivialen Fall zurückführbar sein.

Äußerlich unterscheiden sich rekursive von iterativen (d.h. nicht-rekursiven) Wiederholungsstrukturen dadurch, daß bei der Rekursion keine Wiederholungsanweisungen verwendet werden. Es erfolgt lediglich eine Fallunterscheidung zwischen trivialem und nicht-trivialem Fall.

Darüberhinaus verzichtet man bei der Rekursion auf die Verwendung von Programmvariablen. Dies liegt an dem Umstand, daß die sich ändernden Werte jeden "Durchlaufs" in Form von Parameterwerten für jede Inkarnation vorliegen, die, ebenso wie Programmvariablen, Speicherplätzen entsprechen.

Die Eleganz und Klarheit in der Formulierung rekursiver Algorithmen muß jedoch erkauft werden durch einen wesentlich höheren Speicherplatzbedarf, denn für jeden Rekursionsdurchgang müssen die neuen Parameterwerte im Speicher abgelegt werden, bis sie nicht mehr benötigt werden, d.h. bis zur vollständigen Auswertung des ersten Funktionsaufrufes. Dadurch können Programme, die einen kurzen Text umfassen, zur Laufzeit durch die Speicherung der Parameterwerte sehr viel Speicherplatz konsumieren. Die tatsächliche Speicherplatzbelegung ist darüberhinaus nur schwer vorhersehbar, denn oft liegt es nicht auf der Hand, wie viele Rekursionsdurchgänge benötigt werden, wie oft also die Parameterwerte im Rechnerspeicher vorgehalten werden müssen.

1.2.3.4 Zum Verhältnis von Rekursion zu Iteration[31]

Def.: Eine Funktion oder Prozedur heißt **rekursiv**, falls in ihrer Anweisungsfolge eine Aktivierung bzw. ein Aufruf ihrer selbst direkt oder indirekt (über weitere Funktionen oder Prozeduren) vorgenommen wird. Andernfalls heißt sie **nicht-rekursiv**.

Def.: Ein Algorithmus, der dieselben Anweisungen mehrfach durchläuft, heißt **iterativ**, falls er keine rekursiven Funktionen oder Prozeduren verwendet, ansonsten heißt er rekursiv.

Die Klasse der durch rekursive Algorithmen berechenbaren Funktionen umfaßt die Klasse derjenigen, die durch iterative Algorithmen berechenbar sind; in Spezialfällen lassen sich iterative Fassungen eines rekursiven Algorithmus unmittelbar angeben, gelegentlich allerdings muß ein **Stapel** (*stack*[32]) zur Speicherung von Zwischenergebnissen herangezogen werden. Solche rekursiven Algorithmen werden hier nicht betrachtet.

Hier werden iterative Fassungen angegeben für folgende Algorithmenklassen:

1) für **repetitiv rekursive Funktionen**,
2) für **primitiv rekursive Funktionen** und
3) für Prozeduren, die lediglich als letzte Anweisung einen Prozeduraufruf ihrer selbst enthalten und außer Eingabeparametern weiter keine Parameter oder lokale Variablen besitzen (**endrekursive Prozeduren**).

---

[31] Dieser Abschnitt kann beim ersten Lesen übersprungen werden und benutzt Techniken, die noch nicht behandelt wurden.
[32] engl. *stack*, Stapel

1) Repetitiv rekursive Funktionen

Def.: Eine Funktion heißt repetitiv rekursiv, falls nur **einfache (lineare) Rekursion** vorliegt, d.h. falls in ihrer Anweisungsfolge in jedem möglichen Programmpfad nur einmal ein rekursiver Aufruf vorkommt, und wenn der rekursive Aufruf lediglich in einem Rückübertragen des Funktionswerts mit geänderten Parametern besteht (**schlichte Rekursion**).

Die allgemeine Form in Pascal-Notation hat folgende Gestalt (Parameter-und Funktionstypen sind hier auf die ganzen Zahlen beschränkt, p sei ein Prädikat[33], g und h nichtrekursive Funktionen, ohne Beschränkung der Allgemeinheit wurde nur ein Parameter berücksichtigt):

```
function f(n:integer):integer;
begin
if p(n)     then f:=g(n)
            else f:=f(h(n))
end
```

Die iterative Fassung gewinnt man durch Einführen von Programmvariablen für sämtliche Parameter der Funktion und die Wiederholungsanweisung while ... do[34]:

```
function f(n:integer):integer;
var nvar:integer;
begin
nvar:=n;
while not p(nvar) do  nvar:=h(nvar);
f:=g(nvar)
end;
```

Die Korrektheit des Algorithmus ist nicht direkt einleuchtend, muß also bewiesen werden. Dazu soll zunächst die Struktur des rekursiven Programms genauer untersucht werden:
Gesetzt den Fall, es gelte für den Parameter n_0 die Aussage "not $p(n_0)$", es sei also der else-Zweig der Alternative mit dem rekursiven Aufruf zu betreten. In diesem Falle ist es gleichgültig, ob die Funktion f an der Stelle n_0 oder an der Stelle $h(n_0) = n_1$ ausgewertet wird; dies sagt ja gerade der else-Zweig der Alternative aus. Tatsächlich kann, solange "not $p(n_i)$" gilt, n_i durch $h(n_i) = n_{i+1}$ ersetzt werden, um an dieser Stelle die Funktion f zu berechnen.
Genau dieses geschieht auch in der iterativen Fassung des Programms.
Falls die rekursive Funktionsauswertung für den anfänglichen Parameterwert n_0 jemals terminiert, muß es ein n_{i+1} geben, für das die Bedingung "$p(n_{i+1})$" zutrifft, so daß eine nicht-rekursive Funktionsauswertung stattfinden kann. Die

---

[33] Ein Prädikat ist eine Funktion des Datentyps "boolean".
[34] nach Bauer, Goos: Informatik, 1.Teil, Berlin 1982

Abbildungsvorschrift des in diesem Falle relevanten then-Zweigs der Alternative lautet dann:

$$f(n_{i+1}) = g(n_{i+1})$$

Insgesamt lautet die Kette der Ersetzungen:

$$f(n_0) = f(n_1) = \ldots = f(n_i) = f(n_{i+1}) = g(n_{i+1})$$

Auch der letzte Schritt, die Auswertung von f zu $g(n_{i+1})$, findet genau so in der iterativen Fassung der Funktion f statt.

<u>Bsp.</u>: Größter gemeinsamer Teiler

```
function ggt(n,m:integer):integer;
begin
if n=m      then ggt:=n
            else if n>m  then ggt:=ggt(n-m,m)
                         else ggt:=ggt(n,m-n)
end;
```

ist gleichwertig mit

```
function ggt (n, m : integer) : integer;
var  nvar, mvar : integer;
begin
nvar := n; mvar := m;
while not (nvar = mvar) do
          if nvar > mvar  then nvar := nvar - mvar; {mvar:=mvar}
                          else {nvar:=nvar} mvar := mvar - nvar;
  ggt := nvar; {:=mvar}
  end;
```

2) Primitiv rekursive Funktionen

Diese Funktionenklasse spielt eine große Rolle in der Theorie der **Berechenbarkeit**. Sämtliche "normalen" d.h. in der elementaren Schulmathematik gebräuchlichen Funktionen fallen in diese Klasse.

Als Bestandteile primitiv rekursiver Funktionen seien die konstante Funktion, das Auswählen einzelner Funktionsargumente und die Nachfolgerfunktion der natürlichen Zahlen, als Bauprinzip das Rekursionsschema (s.u.) zugelassen.

Das Rekursionsschema lautet wie folgt:

$$f(0,m)=g(m) \; ;$$
$$f(n+1,m)=h(n,f(n,m)),$$ wobei g und h i. allg. irgendwelche primitiv rekursiven Funktionen seien, in der nachfolgenden Umsetzung in die iterative Fassung aber bereits zu nicht-rekursiven umgeformt seien.

Es folgt die iterative Fassung[35] mit der Verifikation in Form **induktiver Zusicherungen**[36]:

```
function f(n,m:integer): integer;
var fvar,nvar: integer;
begin
            <------- n>=0
nvar:=0;
            <------- nvar=0
fvar:=g(m);
            <------- fvar=f(nvar,m) (siehe Def. v. f, da nvar=0)
while not (nvar=n) do
            <------- fvar=f(nvar,m) => h(nvar,fvar)=f(nvar+1,m) (nach Def.v. f, da nvar≠0)
  begin
  fvar:=h(nvar,fvar);
            <------- fvar=f(nvar+1,m) (durch Substitution in vorige Zusicherung)
  nvar:=nvar+1;
            <------- fvar=f(nvar,m)    (durch Substitution in vorige Zusicherung)
  end;
            <------- fvar=f(nvar,m) & nvar=n  => fvar=f(n,m)
f:=fvar
            <------- f=f(n,m)
end;
```

Beispiel: Fakultät

```
fak(0)=1 ;
fak(n+1)=h(n,fak(n)) mit h(x,y)=(x+1)*y, also
fak(n+1)=(n+1)*fak(n)

function fak(n:integer):integer;
var nvar,fakvar:integer;
begin
nvar:=0;
fvar:=1;
while not(nvar=n) do
        begin
        fakvar:=(nvar+1)*fakvar;
        nvar:=nvar+1
        end;
fak:=fakvar
end;
```

3) Prozeduren mit nur einem abschließenden rekursiven Aufruf (Endrekursion, *tail recursion*)

Prozeduren der folgenden Bauweise lassen sich unmittelbar in iterative Fassungen übertragen:

```
procedure S(x:integer);
begin
```

[35] nach H.G. Rice, Communications of the ACM **8** Nr.2, 1965, S.114 f.
[36] siehe Abschnitt 1.3.3

```
if p(x) then
          begin
          {irgendwelche Anweisungen}
          S(g(x))
end;
```

Die iterative Fassung lautet wie folgt[37]

```
procedure S(x:integer);
begin
while p(x) do
          begin
          {Anweisungen}
          x:=g(x)
          end
end;
```

Die Umformung ist deshalb möglich, weil durch den rekursiven Aufruf von S
unter der Bedingung p(x) jedesmal lediglich die Anweisungsfolge identisch
durchlaufen wird. Falls globale Variablen oder x selbst durch die Anweisungsfolge geändert werden, übertragen sich diese Änderungen wegen des
umfassenden Gültigkeitsbereichs der globalen Variablen und des Rücküber-
tragens des Werts von x an die nächste Prozedurgenerierung. Im Falle der
iterativen Fassung existiert der Prozedurparameter ohnehin nur in einem
einzigen Block (dem der Prozedur); der Gültigkeitsbereich globaler Variablen
ist der gleiche wie in der rekursiven Version.

Bsp.: Sukzessives Verdoppeln einer Zahl bis 100

```
procedure doppel (n : integer);
begin
 if n < 100 then
  begin
   write(n);
   doppel(2 * n)
  end
end;
```

Und die iterative Fassung:

```
procedure doppel (n : integer);
begin
 while n < 100 do
  begin
   write(n);
   n := 2 * n
  end
end;
```

---

[37] nach R.S. Bird, Communications of the ACM 20, Nr. 6, S.434 ff.

Man beachte, daß außer Eingabeparametern der Prozedur (call by value) keine
Referenzparameter oder lokale Variablen zugelassen sind, wohl aber globale
Variablen.

<u>Bsp</u>.: Umformung von Schleifenstrukturen in rekursive Programme:

```
...
while p(n) do verarbeitung(n)
...
```

ist äquivalent zu

```
procedure schleife(n: ...);
begin
if p(n) then
            begin
            verarbeitung(n);
            schleife(n)
            end
end;
```

Diese einfache Transformationsregel zwischen iterativen und rekursiven Programmstrukturen wird häufig zur automatischen Umformung rekursiver in
iterative Strukturen bei Sprachübersetzern eingesetzt.

1.3 Korrektheit und Terminierung von Algorithmen

Hinter der Formulierung von Algorithmen steht die Absicht, mehr oder minder fest umrissene Vorstellungen einer Maschinenaktivität zu realisieren. Wie wenig ein Algorithmus solchen Vorstellungen tatsächlich entspricht, zeigt sich häufig an unvorhergesehenem und unbeabsichtigtem Verhalten der Maschine.
Dieser Abschnitt zeigt Methoden auf, mit denen es möglich ist, gewisse Algorithmuseigenschaften nachzuweisen. Dabei bedient man sich der zuvor formal definierten Semantik der Anweisungen und Datentypen der Sprache, in der der Algorithmus abgefaßt ist. Wenn auch typischerweise solcherart Methoden nur selten zum Einsatz kommen, so hilft ihre Kenntnis jedoch der Verschärfung der intuitiven Vorstellung dessen, was ein Algorithmus tut und dient damit einer sichereren Programmentwicklung.

1.3.1   Terminierung von Algorithmen

Jeder Programmierer wird schon die Situation erlebt haben, daß sein Programm deshalb kein Ergebnis abliefert, weil der Algorithmus zu keinem regulären Ende kommt (**Totschleife**). Der Algorithmus stellt offenbar in diesem Fall nur eine partielle Funktion dar, deren Zusicherungen über den Gültigkeitsbereich des Verfahrens zumindest unvollständig sind.

In diesem Abschnitt soll untersucht werden, mit welchen Methoden für Spezialfälle nachgewiesen werden kann, unter welchen Zusicherungen Algorithmen regulär zu einem Ende kommen oder, wie der Fachterminus lautet, terminieren. Das Problem ist auch bekannt unter dem Namen **Halteproblem** oder *halting problem*. Es kann in diesem Zusammenhang gezeigt werden, daß *es keinen Algorithmus geben kann, der für alle Algorithmen die Terminierung sicher feststellt.*

Der Nachweis für die Nicht-Existenz eines Algorithmus, der die Terminierung jedes Algorithmus überprüfen kann, erfolgt indirekt, indem gezeigt wird, daß ein solcher hypothetischer Algorithmus widersprüchliche Eigenschaften haben müßte[38].

Angenommen, es gebe einen Algorithmus, der jeden anderen Algorithmus auf Terminierung untersuchen könnte.

In Pascal formuliert könnte er heißen:

---

[38] nach S. Eichholz, Das Märchen von der Funktion Term_al_bad, Informatik-Spektrum 9 (1986), S. 356 ff

function terminiert(text: string): boolean; ...

Die Funktion "terminiert" erhält als Eingabeparameter den zu untersuchenden Programmtext und liefert den Wert "true", falls Terminierung festgestellt wird, den Wert "false", falls es sich um einen nicht terminierenden Programmtext handelt.

Die Nichtexistenz von "terminiert" wird nun anhand eines Gegenbeispiels nachgewiesen. Es ist dies ein Programmtext, dessen Untersuchung durch "terminiert" zu unlösbaren Widersprüchen führt.

Der Programmtext laute:

```
programmtext :=
            'procedure test;
            begin
            while terminiert(programmtext) do write('TEST aktiv');
            end'
```

Was liefert nun die Untersuchung von "programmtext" durch "terminiert", welchen Wert hat also "terminiert(programmtext)"?

Annahme 1: terminiert(programmtext) = true, d.h.: der Algorithmus "terminiert" liefert das Ergebnis, "programmtext" terminiere. Falls dies so ist, handelt es sich bei der while-Schleife in "programmtext" um eine Totschleife (die Wiederholungsbedingung lautet nach Annahme 1: true), so daß "programmtext", im Widerspruch zur Annahme, <u>doch</u> nicht terminiert. Folglich kann die Annahme 1 nicht gelten.

Annahme 2: terminiert(programmtext) = false, d.h.: der Algorithmus "terminiert" liefert das Ergebnis, "programmtext" terminiere <u>nicht</u>. Falls dies so ist, handelt es sich bei der while-Schleife in "programmtext" um eine trivialerweise terminierende Schleife (die Wiederholungsbedingung lautet nach Annahme 2: false), so daß "programmtext", im Widerspruch zur Annahme, <u>doch</u> terminiert. Folglich kann die Annahme 2 auch nicht gelten.

Aus allem diesem ist zu folgern, daß es Programme gibt, deren Terminiertheit sich nicht algorithmisch entscheiden läßt. In jedem Fall ist also der Terminierungsbeweis eine menschliche Aufgabe, die niemals vollständig von Automaten wird übernommen werden können.

Ein entscheidendes Kriterium für einen Algorithmus war die Endlichkeit seiner Notation, also seiner sprachlichen Formulierung. Sie ist unmittelbar erkennbar und für jedes Computerprogramm gesichert. Die Länge, die ein Algorithmus in seiner sprachlichen Formulierung besitzt, wird auch **statische Länge** genannt.

Sie ist offenbar immer endlich und auch für die Terminierung des Algorithmus nicht relevant.

Die entscheidende Größe für die Terminierung von Algorithmen ist ihre **dynamische Länge**, die mit der Zahl der Instruktionen zusammenhängt, die zur Ausführung des Algorithmus abgearbeitet werden müssen.

Es ist nun eine wichtige Beobachtung, daß es ausschließlich Wiederholungsstrukturen sind, die dafür sorgen, daß statische und dynamische Länge von Algorithmen voneinander abweichen. Ein Algorithmus ohne Wiederholungsstrukturen (also auch ohne Rekursion) terminiert immer, denn dann stimmen dynamische und statische Länge überein, wobei letztere endlich ist.

Man wird sich also zum Nachweis der Terminierung eines Algorithmus immer auf die Wiederholungsstrukturen konzentrieren, wobei das Kriterium für Terminierung sein wird, daß jede Wiederholung nur endlich oft durchlaufen wird.

<u>Bsp.</u>: Man untersuche nachfolgenden Programmteil auf Terminierung.

```
const    anzahl=100;
var      zahl: integer;
         index: integer;
         durchschnitt: real;
...
index:=1;
durchschnitt:=0;
while index <= anzahl do
         begin
         read(zahl);
         durchschnitt:=durchschnitt+zahl
         end;
durchschnitt:=durchschnitt/anzahl; ...
```

<u>Übung 1</u>: Ändern Sie den Algorithmus so, daß Terminierung sichergestellt ist.

Offenbar ist es für die Terminierung wesentlich, daß die zu wiederholenden Anweisungen in einer while ... do - Schleife die Wiederholungsbedingung so beeinflussen, daß diese nach endlich vielen Durchläufen falsch wird. Eine analoge Forderung läßt sich natürlich für repeat ... until - Schleifen und für rekursive Verfahren aufstellen (s.u.). Meist ist die Ursache von Totschleifen sehr einfach zu entdecken: es ist vergessen worden, eine Größe zu verändern, die für die Abbruch- oder die Wiederholungsanweisung wesentlich ist. Man sehe also immer zuerst in dem Algorithmusteil, den man für eine Totschleife verantwortlich macht, nach, ob dieses Versäumnis vorliegt.

Eine Regel für den Terminierungsbeweis für while - do - Schleifen lautet:

Terminierungsregel 1:

Um die Terminierung einer Anweisung "while B do A" sicherzustellen, suche man nach einer ganzzahligen Größe N derart, daß ihr Wert bei jeder Wiederholung abnimmt (resp. zunimmt) und B bei Erreichen eines Minimums (resp. Maximums) falsch wird.

Bemerkung: Allein aus der Tatsache, daß man ein solches N nicht gefunden hat, läßt sich natürlich nicht schließen, der Algorithmus terminiere nicht. Man kann dann lediglich keine Aussage über die Terminierung machen.

Wie wichtig die Eigenschaft der Ganzahligkeit der gesuchten Größe ist, erkennt man leicht an der Totschleife

```
repeat
        x:=x+1
until 1/x < 0
```

bei der 1/x zwar ständig kleiner wird, das Minimum 0 aber dennoch nicht unterschreitet.

Übung 2: Führen Sie den Terminierungsbeweis für Ihren modifizierten Algorithmus zur Durchschnittsberechnung.

Ein weiteres Beispiel für einen Terminierungsbeweis soll die Bestimmung des GGT zweier natürlicher Zahlen sein. Der wohlbekannte Algorithmus lautet:

```
while a<>b do
        if a>b    then a:=a-b
                  else b:=b-a;
ggt:=a {:=b}
```

Beweis der Terminierung:

Das gesuchte N sei max(a,b), das Maximum von a und b.
N nimmt für jeden Durchlauf ab, denn
i) für a>b ist N=a und das neue a=a-b in jedem Falle kleiner als a (falls b>0).
Demzufolge ist auch N=max(a,b) kleiner geworden.
ii) analog für a<b, hier wird b=b-a kleiner, folglich auch max(a,b)
Es ist noch das Minimum für N zu finden, bei dessen Erreichen die Wiederholungsbedingung "a<>b" falsch wird.
Dieses Minimum lautet min(a,b). Da a und b größer 0 sind, ist auch min(a,b) größer als Null, wird also nicht beliebig klein. N nimmt stets ab, so daß N irgendwann einmal kleiner oder gleich min(a,b) werden wird. Wegen der Natur der Sache kann aber N nie kleiner als min(a,b) werden (das Maximum zweier

Zahlen wird nie kleiner als das Minimum der Zahlen), so daß nach endlich vielen Durchläufen gelten wird: max(a,b)=N=min(a,b), also a=b. Dadurch wird die Wiederholungsbedingung falsch und der Algorithmus terminiert.

Für den Nachweis der Terminierung wurden die Zusicherungen a>0 und b>0 gebraucht. Unter diesen Voraussetzungen ist die Terminierung sichergestellt.

Fazit: Der Nachweis der Terminierung kann schon bei einfachen Algorithmen ziemlich mühsam sein. Er wird sehr arbeitsaufwendig bei langen Programmen und nahezu unmöglich, wenn zusätzlich der Ablauf des Algorithmus wesentlich von den Eingabedaten abhängt, z.B. bei Realzeitanwendungen, also Steuerungsprozessen durch Computer (beispielsweise militärische Anwendungen wie Raketensteuerung). Auch der Einsatz von Computern für den Nachweis der Terminierung wird auf diesem Gebiet, wie schon bemerkt, nicht weiterhelfen. Es ist daher zu erwarten, daß bei komplexen Programmen oft nur eine Zeitschranke, die willkürlich für die Ausführungszeit des Algorithmus gesetzt wird, ein (nicht reguläres) Ende des Programms sicherstellt, die Programme demzufolge nicht das leisten, was von ihnen erwartet wird.

Nichtsdestotrotz sollte immer, wenn es möglich ist, ein Terminierungsbeweis geführt werden, allein schon, um den Gültigkeitsbereich des Algorithmus zu ermitteln.

Will man Endlosschleifen in unübersichtlichen Situationen, in denen ein Terminierungsbeweis nicht gelungen ist, vermeiden, so sollte man einen Zähler mitführen und bei einem bestimmten Wert des Zählers den Algorithmus auch ohne Erfolg abbrechen.

Übung 3: Wie ist das Terminierungskriterium für repeat - until - Schleifen umzuformulieren?

Terminierungsregel 2:

Übung 4: Unter welchen Umständen terminieren Zählschleifen in Pascal[39]?

Terminierungsregel 3:

Für rekursive Wiederholungen kann ebenfalls ein Terminierungskriterium

---

[39] Das Ergebnis ist nicht allgemeingültig auch für Zählschleifen in anderen Programmiersprachen!

aufgestellt werden, daß ganz analog zu Terminierungsregel 1 lautet:

Terminierungsregel 4:

Um die Terminierung einer rekursiven Wiederholung sicherzustellen, suche man nach einer ganzzahligen Größe N, die von den Parametern der rekursiven Funktion oder Prozedur abhängt, derart, daß ihr Wert bei jedem rekursiven Aufruf abnimmt (resp. zunimmt) und der nichtrekursive Aufruf (der "triviale Fall") bei Erreichen eines Minimums (resp. Maximums) erfolgt.

Für das Beispiel des GGT sähe das so aus:

```
function ggt(a,b:integer):integer;
if a=b        then ggt:=a
              else if a>b    then    ggt:=ggt(a-b,b)
                             else    ggt:=ggt(a,b-a)
end;
```

$N=N(a,b)=\max(a,b)$ mit den analogen Argumenten von oben.

Übung 5: Man stelle fest, für welche Parameterwerte folgende Funktion terminiert:

```
function add(a,b:integer):integer;
begin
if b=0        then add:=a
              else  add:=add(a,b-1)+1
end;
```

1.3.2 Zur Korrektheit von Programmen

Beim Programmieren wird man immer wieder die Erfahrung machen, daß Programme, deren syntaktische Korrektheit gesichert ist, etwa dadurch, daß sie ohne Fehlermeldung übersetzt worden sind, trotzdem noch Fehler enthalten. Von diesen sind die logischen Entwurfsfehler meist am schwersten zu entdekken. Beim Vorhandensein von logischen Fehlern arbeitet das Programm zwar, kommt evtl. auch zu einem regulären Abschluß, liefert aber falsche Ergebnisse.

Die naheliegendste Maßnahme zur Überprüfung der logischen Korrektheit von Programmen ist das **Testen**. Man läßt dazu das Programm mit Eingabewerten arbeiten, für die das Resultat bekannt ist und vergleicht die vom Rechner gelieferten Resultate mit den bekannten. Zu diesen Verfahren gehört auch die Erarbeitung einer Trace-Tabelle, bei der zusätzlich noch Einblicke in die Arbeitsweise des Algorithmus gewonnen werden können.

Es ist leider so, daß durch Testen nur die **An**wesenheit von Fehlern nachgewiesen werden kann, nicht ihre **Ab**wesenheit, die man eigentlich sicherstellen möchte.

Folgendes Beispiel demonstriert diesen Sachverhalt. Es handelt sich um eine Formel zur Erzeugung von Primzahlen, die von C. F. Gauß entdeckt wurde. Die Formel lautet:

$$n = i^2 + i + 41, \text{ i: natürliche Zahl.}$$

Das Programm zur Berechnung der ersten 48 "Primzahlen" mit den Resultaten lautet:

```
program Primzahlformel;
var x: integer;
        function n(i: integer): integer;
        begin
        n:= i*i + i + 41
        end;
begin
for x:=1 to 48 do write(x,'-->',n(x))
end.
```

1--> 43	2--> 47	3--> 53	4--> 61	5--> 71	6--> 83
7--> 97	8--> 113	9--> 131	10--> 151	11--> 173	12--> 197
13--> 223	14--> 251	15--> 281	16--> 313	17--> 347	18--> 383
19--> 421	20--> 461	21--> 503	22--> 547	23--> 593	24--> 641
25--> 691	26--> 743	27--> 797	28--> 853	29--> 911	30--> 971
31--> 1033	32--> 1097	33--> 1163	34--> 1231	35--> 1301	36--> 1373
37--> 1447	38--> 1523	39--> 1601	40--> 1681	41--> 1763	42--> 1847
43--> 1933	44--> 2021	45--> 2111	46--> 2203	47--> 2297	48--> 2393

Es stellt sich heraus, daß tatsächlich für fast alle Werte für i zwischen 1 und 48 Primzahlen erzeugt werden; nur für i=41 und 44 werden Zahlen abgeliefert, die in Faktoren zerlegbar sind (1763=41*43; 2021=43*47). Mit anderen Worten: Für viele Beispielwerte arbeitet der Algorithmus korrekt, nur durch Zufall kann man auf Gegenbeispiele stoßen, die zeigen, daß der Algorithmus fehlerhaft ist. Testet man das Programm ausgerechnet mit den Eingabewerten, für die es fehlerfrei arbeitet, kommt man zu dem falschen Schluß, das Programm enthalte keine Fehler mehr.

Testen ist demnach ein leicht durchführbares und auch nützliches Verfahren, *kann aber niemals die Fehlerfreiheit von Programmen belegen.*

Es ist noch zu erwägen, Testläufe mit allen möglichen Eingabedaten vorzunehmen, um auch die Gegenbeispiele mit abzudecken, aber eine einfache Überlegung zeigt, daß dies i. allg. undurchführbar ist:

Will man beispielsweise einen Multiplikationsalgorithmus vollständig testen, so ergeben sich folgende Ausführungszeiten:

Man nehme einen Wertebereich von $0 \ldots 2^{60}$ für die beiden Faktoren, deren Produkt zu ermitteln ist und eine Ausführungszeit von einer Millionstel Sekunde für eine Multiplikation. Die gesamte Ausführungszeit beträgt dann

$$t = (2^{60})^2 * 10^{-6} \text{ Sekunden} \approx 5 * 10^{22} \text{ Jahre, das ist etwa das } 10^{13}\text{-fache des Alters}$$
der Erde.

Vollständiges Testen ist demnach i. allg. schon aus technischen Gründen ausgeschlossen.

Man kann jedoch einen mathematischen Nachweis über die Korrektheit von Programmen führen (**Verifikation**), der sich auf die Semantik der Anweisungen und Datentypen stützt. Es sei schon an dieser Stelle erwähnt, daß der Korrektheitsbeweis oft noch mühsamer als der Terminierungsbeweis ist und meist unterlassen wird. Es hat sich eine Faustformel herausgeschält, die besagt, daß ein Spezialist zur Verifikation von 100 Zeilen Programmtext einige Monate Arbeitszeit aufwenden muß. Bedenkt man, daß praxisrelevante Programme stets sehr viel länger sind (in der Größenordnung einiger Zehn- oder Hunderttausend Zeilen, im Rahmen des US-amerikanischen SDI-Projekts sind noch wesentlich umfangreichere Systeme geplant), muß man festhalten:

• Große Programmsysteme weisen mit sehr hoher Wahrscheinlichkeit Fehler auf, da sie mit vertretbarem Aufwand nicht mehr verifizierbar sind[40].

• Behauptungen, ein Programm arbeite fehlerfrei, ist mit größtem Mißtrauen zu begegnen.

• Auch wenn das in Frage stehende Programm verifiziert worden ist, könnte noch der Übersetzer (Compiler oder Interpreter) oder das Betriebssystem Fehler enthalten, ganz zu schweigen von der Computerhardware selbst.

Es soll nun das Verfahren zur Verifikation von Programmen kurz skizziert werden. Diese Kurzdarstellung soll demonstrieren, daß Verifikation im Prinzip möglich, aber recht mühsam ist. Vom Leser wird nur erwartet, daß die dargestellten Gedankengänge nachvollzogen werden; eine erschöpfende Behandlung der Verifikationstechnik ist weder beabsichtigt noch auf dem knappen Raum, der hier zur Verfügung steht, möglich.

---

[40] Oft enthalten Software-Verträge Klauseln, die eine Haftung des Herstellers für Programmfehler ausschließen.

1.3.3 Verifikation von Algorithmen mittels induktiver Zusicherungen

Man verifiziert Programme, indem man mit Hilfe der Semantik der Anweisungen und Datentypen der formalen Sprache, in der der Algorithmus abgefaßt ist, allgemeingültige logische Aussagen ableitet, die bei allen Eingabewerten für den Algorithmus gelten. Zusätzlich zur Semantik von Anweisungen und Datentypen benötigt man noch Regeln, die beschreiben, wie sich die logischen Aussagen über den Algorithmuslauf fortpflanzen.

Ein sehr einfaches Beispiel soll dies darstellen. Es handelt sich um einen (bereits vorgestellten) kurzen Algorithmus zum Sortieren zweier Zahlen der Größe nach:

```
read(x,y);      {x,y:integer; minint<=x,y<=maxint / Semantik des Typs integer}
if x<y then    {x<y / Semantik der Alternative}
            begin
                a:=x;    {a<y / Semantik der Wertzuweisung (s.u.), Folgerung aus x<y}
                b:=y    {a<b / Semantik der Wertzuweisung, Folgerung aus a<y}
            end
            else {x>=y / Semantik der Alternative}
            begin
                b:=x;    {b>=y / Semantik der Wertzuweisung, Folgerung aus x>=y}
                a:=y    {b>=a / Semantik der Wertzuweisung, Folgerung aus b>=y}
            end;        {((a<b) oder (b>=a)) ⇒ a<=b / Zusammenführungsregel}
write(a,b)
```

Akzeptiert man die gezogenen Schlußfolgerungen, so hat man hiermit bewiesen, daß die in der letzten Anweisung ausgegebenen Zahlen der Größe nach geordnet sind, und zwar für alle möglichen Werte von x und y.

Die Verifikation von Programmen bedient sich folgender Technik:

Vor einer Anweisung wird eine logische Aussage oder Zusicherung postuliert. Sie heißt **Vorbedingung**. Aus der Semantik der Anweisung folgt dann eine Zusicherung, die **Konsequenz** heißt und die gültig ist, falls die Vorbedingung vor Ausführung der Anweisung wahr war. Die Konsequenz dient dann, eventuell zusammen mit anderen Zusicherungen, zur Formulierung der Vorbedingung der nächsten Anweisung.

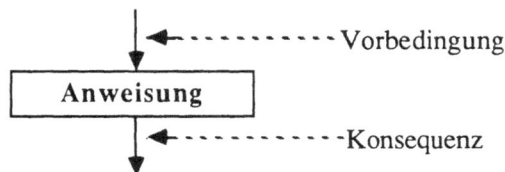

Was ein Programm dann tatsächlich leistet, läßt sich an der Vorbedingung der ersten und der Konsequenz der letzten Anweisung ablesen. Diese beiden Zusicherungen machen dann zusammen die **Spezifikation** des Programms aus.

In obigem Beispiel wäre das die Aussage

(x,y: integer; minint <= x, y <= maxint $\Rightarrow$ (a <= b))

oder, verbal ausgedrückt: falls x und y im zulässigen integer-Bereich liegen, so sind a und b nach Ablauf des Programms der Größe nach sortiert.

Im folgenden werden nachstehende Regeln für die Programmverifikation verwendet:

1. **(Startregel):** Am Anfang des Algorithmus, wo das Programm noch keine "Vorgeschichte" hat, kann jede wahre Aussage niedergeschrieben werden. Oft werden das Aussagen über Eingabewerte sein, die dann den Gültigkeitsbereich der (partiellen) Funktion ausmachen, die durch den Algorithmus realisiert wird. Die Zusicherung am Anfang steckt damit den Gültigkeitsbereich der Zusicherung ganz am Ende des Programms ab.

2. **(Enderegel):** Hier gilt die Konsequenz der letzten Anweisung(en) des Algorithmus. Die Beziehung zwischen der Zusicherung am Anfang und am Ende ist die Spezifikation des Programms.

3. **(Wertzuweisungsregel):** Gilt vor einer Wertzuweisung x:=u eine Vorbedingung P(u), die von der rechten Seite der Wertzuweisung abhängt, so lautet die Konsequenz P(x), es ist also überall in der Vorbedingung die rechte Seite durch die linke, d.h. die Variable, an die die Wertzuweisung vorgenommen wurde, zu ersetzen. (Dies ist übrigens die Semantik der Wertzuweisung.)

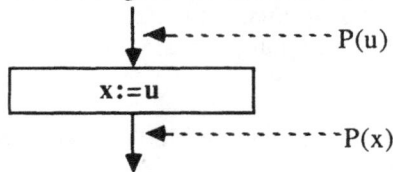

4. **(Alternativregel):** Sei "A" eine Aussage, die vor der Alternativanweisung gilt und "B" die Bedingung in der Alternative. Dann gilt vor Ausführung der Anweisung im then-Zweig die Vorbedingung "A und B", vor Ausführung der Anweisung im else- Teil "A und nicht-B". (Dieses ist genau die Semantik der Alternativanweisung.)

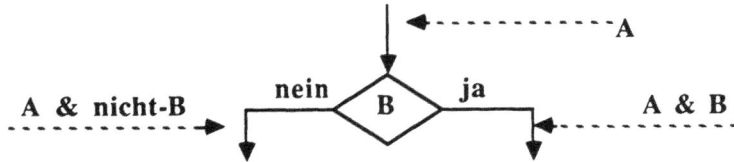

5. (Zusammenführungsregel): Hat eine Anweisung mehrere mögliche Vorgänger, d.h. gibt es eine Reihe von Anweisungen, die, je nach Programmlauf, unmittelbar vor der betrachteten Anweisung ausgeführt worden sein könnten, so gilt als Vorbedingung die Verknüpfung aller Konsequenzen der Vorgängeranweisungen mit dem logischen Operator "oder".

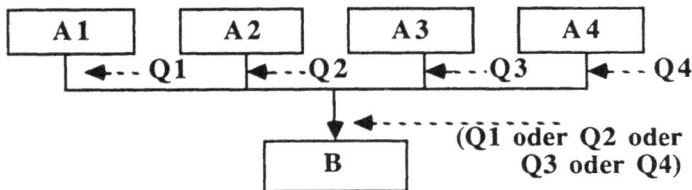

Wenn ein Programm keine Wiederholungsstrukturen besitzt, so ist die Verifikation relativ einfach. Schwierigkeiten bereiten diejenigen Programmteile, die mehrfach durchlaufen werden, denn die Aussagen, die man über den Zustand eines Programms an einer bestimmtem Stelle machen kann, werden im Allgemeinen bei wiederholten Anweisungen davon abhängen, wie oft sie bereits ausgeführt worden sind.

Deshalb muß man bei Wiederholungsstrukturen nach Aussagen suchen, deren Gültigkeit nicht von der Anzahl der Wiederholungen abhängt, die also Invarianten der Wiederholung sind. Ist die Schleife dann beendet, gelten die Invarianten noch immer und können so als Konsequenz der Wiederholungsstruktur dienen.

Als ein Beispiel für die Technik der **Schleifeninvarianten** soll ein Multiplikationsalgorithmus dienen:

```
read(x,y);                {y>=0}
mult:=0;
m:=y;                     {x*y=mult+x*m & m>=0}
while m>0 do
        begin             {x*y=mult+x*m & m>0 : Schleifeninvariante,
                          (m>0 gilt hier immer)
                          ⇒ x*y=(mult+x)+x*(m-1) & m>0}
        mult:=mult+x;     {x*y=mult+x*(m-1) & m>0}
        m:=m-1            {x*y=mult+x*m &m>=0}
        end;
                          {x*y=mult+x*m & m<=0 & m>=0
```

$$\Rightarrow \text{x*y=mult+x*m} \text{ \& m=0}$$
$$\Rightarrow \text{x*y=mult}\}$$

Der springende Punkt dieser Verifikation ist, daß die Schleifeninvariante "x*y= mult+x*m & m>0" sowohl beim ersten Durchlauf der zu wiederholenden Anweisungen wahr ist als auch aus der Konsequenz der letzten dieser Anweisungen zusammen mit der Semantik der while - Schleife folgt, folglich für alle Schleifendurchläufe wahr ist:

Konsequenz der letzten zu wiederholenden Anweisung:
x*y=mult+x*m &m>=0
aus der Semantik der while - Schleife:
m>0.
Zusammen ergibt das die Schleifeninvariante
x*y=mult+x*m & m>0.

Aus der Konsequenz der letzten Schleifenanweisung und der Semantik der while- Schleife (Negation der Schleifenbedingung nach Verlassen der Schleife) folgt schließlich die Zusicherung "x*y=mult".

Übung 1: Gelangt man auch zu diesem Ergebnis, wenn man die Zusicherung am Anfang ("y>=0") fallenläßt?

Offenbar ist es nun möglich auszusagen, daß unter der Voraussetzung "y>=0" nach Beendigung des Algorithmus der Wert der Variablen "mult" gleich dem Produkt aus x und y ist. Der Beweis der Terminierung muß allerdings noch geführt werden, ist aber in diesem Fall sehr einfach.
Nach Führen des Terminierungsbeweises steht dann mit völliger Sicherheit fest, daß das Programm keine logischen Fehler mehr enthält.

Hätte man den Algorithmus rekursiv formuliert, hätte sich die Notwendigkeit nicht ergeben, eine Schleifeninvariante zu suchen, man hätte sie schon längst benutzt:

```
function mult(n,m:integer {m >= 0}):integer;
begin
if  m=0    then mult:=0
           else mult:=mult(n,m-1) + n
end
```

Beim Aufruf der Funktion mult(x,y) lautet nämlich der else-Zweig im Vergleich zur Schleifeninvarianten:

mult (=x*y)   = mult(x,y-1) + x (& y>0 aus der Semantik der Alternative)
x*y   = mult + x*m & m>0 (Schleifeninvariante)

In der rekursiven Formulierung ist die Schleifeninvariante offenbar schon
enthalten. Wenn man sich die Arbeit der Verifikation erleichtern will, so sollte
man die Algorithmen rekursiv formulieren, mit den bereits erwähnten Nach-
teilen in Bezug auf Effizienz und Speicherplatzersparnis. Falls eine iterative
Fassung des Algorithmus verwendet werden muß, sollten möglichst verifizierte
Regeln (siehe Abschnitt 1.2.3.4) zur Umformung von der rekursiven in die
iterative Fassung verwendet werden.

2. MASCHINELLE REALISATION UND ORGANISATION VON DV-VORGÄNGEN

Im ersten Teil des Buches ging es um den Abstraktionsprozeß, der von der Wirklichkeit ausging und bei einem Programm in einer höheren, problemorientierten Programmiersprache endete. Dabei war es nur an wenigen Stellen von Belang, wie ein Rechner aufgebaut ist und ein Programm in einer höheren Programmiersprache letztendlich zur Ausführung kommt.
Genau dies wird nun im zweiten Teil thematisiert. Absicht ist es, zunächst die **Charakteristika maschinenorientierter Programmiersprachen** herauszuarbeiten, um exemplarisch zu zeigen, wie ein Programm aussieht, das direkt von einer gängigen Maschine ausführbar ist (z. B. den übersetzten Text eines Compilers oder Interpretierers) und um zu demonstrieren, woher bestimmte Konstrukte der höheren Programmiersprache kommen (so ist beispielsweise das Konzept der beiden Parameterarten parametrische Konstante und parametrische Variable erst nach Kenntnis der maschinennahen Realisation voll verständlich).
Weiterhin werden die **Logik des Rechnerbaus** und die Konstruktion der **Grundschaltungen** zur Sprache kommen, aus denen Rechner aufgebaut sind.
An keiner Stelle kommen technisch-physikalische Gegebenheiten zum Zuge; die Thematik wird ausschließlich auf logischer Ebene abgehandelt.
Den Abschluß bildet ein kurzer Abriß des Zusammenwirkens von Hard- und Software und der Organisationsformen der Nutzung gängiger Datenverarbeitungsanlagen.

2.1 Maschinenorientierte Programmierung

Bei unseren Untersuchungen zur Formulierung von Algorithmen in einer von einem Automaten ausführbaren sprachlichen Form haben wir uns auf eine abstrakte Basismaschine bezogen. Ihre Funktionsweise wurde durch die Semantik der Anweisungen und Datentypen festgelegt. In der Praxis ist es hingegen so, daß eine Vielzahl technisch unterschiedlicher Rechner mit verschiedenen Sätzen elementarer Programmanweisungen im Einsatz sind; dabei hängt der jeweilige Vorrat elementarer Anweisungen vom technischen Aufbau des Rechners ab.
Dieser Umstand hat zur Folge, daß ein Computerprogramm nur von einem bestimmten Rechnertypus unmittelbar ausführbar ist; für Rechner unterschiedlicher Bauweise müssen auch jeweils speziell auf die verschiedenen technischen Realisierungen zugeschnittene Programmtexte für die Ausführung der Algorithmen vorliegen.

Dieser Tatsache ist durch die Entwicklung der höheren Programmiersprachen Rechnung getragen worden. Diese Sprachen beziehen sich nicht auf eine spezielle Hardware, sondern, wie in unserem Fall, auf eine abstrakte Maschine; im Idealfall (der allerdings in Reinform nicht vorkommt, da es von den meisten höheren Programmiersprachen noch jeweils Dialekte gibt) ist ein Programm, das in einer höheren Programmiersprache abgefaßt worden ist, als Algorithmusbeschreibung für alle Rechner verwendbar. Somit hat man bei der Formulierung von Algorithmen in solchen höheren Programmiersprachen (wie z.B. Pascal) den Vorteil, die Problemlösung unabhängig von der Bauweise der verwendeten Rechenanlage vornehmen und auf verschiedenen Rechnern zur Ausführung bringen zu können.

Allerdings muß der Programmtext vor Abarbeitung durch den Automaten noch geeignet aufbereitet werden; er muß mittels eines **Übersetzers** (**Compiler** oder **Interpreter**) in die Sprache der Maschine, die **Maschinensprache**, übersetzt werden, die jeweils direkt auf den Befehlssatz des Rechenwerks des Geräts Bezug nimmt. Ein Übersetzer ist ein Computerprogramm, das einen Programmtext einer höheren Programmiersprache unter Beibehaltung der Semantik des Textes in die Sprache des speziellen Rechnertyps übersetzt. Vor der Übersetzung muß zunächst eine syntaktische Analyse vorgenommen werden; syntaktisch nicht fehlerfreie Texte können dabei auch nicht übersetzt werden. Die Grundlage der syntaktischen Analyse liefert dabei die Syntaxbeschreibung der höheren Programmiersprache. In unserer Darstellung dienen also die Syntaxdiagramme sowohl der Erzeugung eines syntaktisch fehlerfreien Programmtextes als auch der syntaktischen Analyse, die die Übersetzung in die Maschinensprache vorbereitet.

In diesem Abschnitt werden die Charakteristika von Maschinensprachen behandelt. Die Eigenschaften von Maschinensprachen strahlen natürlich auch auf diejenigen der höheren Programmiersprachen aus, denn sie stellen den historischen und technischen Ausgangspunkt dar, auf dem die Konstrukte jeder Programmiersprache beruhen und können deshalb auch zu einem tieferen Verständnis der problemnahen höheren Programmierung beitragen.

Da es jedoch so viele verschiedene Maschinensprachen wie Maschinen unterschiedlicher Bauweise gibt, kann es nur um die *Prinzipien* einer maschinenorientierten Programmierung gehen, keiner der an dieser Stelle entwickelten Algorithmen wäre je auf einer realen Maschine lauffähig, die Unterschiede der hier verwendeten Pseudo-Maschinensprache zu realen Maschinensprachen sind jedoch lediglich technischer, nicht prinzipieller Natur.

2.1.1 Auswertung von Ausdrücken durch die Rechner-Zentraleinheit

Zu Beginn der Untersuchungen einer maschinenorientierten Programmierung soll die Abarbeitung arithmetischer Ausdrücke stehen. Dieses Thema, das bei Verwendung höherer Programmiersprachen keine besonderen Probleme aufwirft, zeigt schon die typische Vorgehensweise bei maschinennaher Programmierung: die kleinschrittige Zerlegung von DV-Vorgängen in elementare Operationen.

Da zum Verständnis von Maschinensprachen die Kenntnis der **Rechnerarchitektur** notwendig ist, erfolgt zunächst die Beschreibung eines Rechnermodells, das für alle heute gängigen Universalrechner Pate stand: der **von-Neumann-Rechner**[41].

2.1.1.1 Funktionsweise einer Rechner-Zentraleinheit

Rechnersysteme bestehen neben dem eigentlichen **Rechenwerk**, das die arithmetischen und logischen Operationen ausführt, noch aus dem **Hauptspeicher**, in dem Daten und Programme schnell zugreifbar abgelegt werden, dem **Leitwerk**, das die Arbeit des Rechenwerks koordiniert und die Hauptspeicherzugriffe regelt sowie einer ganzen Reihe von **peripheren Einrichtungen** wie Massenspeichern und Ein- und Ausgabegeräten.

Die **Zentraleinheit**[42] ist aus dem Rechen- , dem Leitwerk und dem Hauptspeicher aufgebaut.

Das Leitwerk bezieht die Befehle (die Programmanweisungen in Maschinensprache) aus demjenigen Teil des Hauptspeichers, in dem das abzuarbeitende Programm in Maschinensprache abgelegt ist. Das Leitwerk interpretiert die Befehle und löst die Aktivitäten des Rechenwerks aus.

Das Rechenwerk (der **Prozessor**) fordert ggf. Daten aus dem Hauptspeicher an, verarbeitet sie und liefert auch die Resultate wieder an den Hauptspeicher ab.

Der Hauptspeicher besteht aus einer Reihe gleichartiger Speicherzellen, von denen jede mit einer Nummer, ihrer **Adresse**, versehen ist. Die Adressen dienen zur Identifikation der Speicherstellen, sie sind in höheren Programmiersprachen mit den Bezeichnern der Objekte (z.B. Variablen) verknüpft.

---

[41] Nach John von Neumann (1903-1957)

[42] auch *CPU*, engl. *central processing unit*

Unter einer bestimmten Adresse sind Speicherinhalte auffindbar, diese sind die Werte der durch die Adressen bezeichneten Objekte.

Obwohl der Hauptspeicher recht groß sein kann, ist er doch immer endlich; um größere Datenmengen verarbeiten zu können, als der Hauptspeicher aufnehmen kann, muß es die Möglichkeit der Kommunikation mit peripheren Massenspeichern geben.

Oft werden für Ein-/Ausgabeoperationen, zu denen neben dem Zugriff auf Massenspeicher noch die Schreib-/Leseoperationen auf Drucker und Sichtgeräte zählen, spezielle Prozessoren benutzt. Diese sind wieder prinzipiell dem Rechenwerk der Zentraleinheit ähnlich.

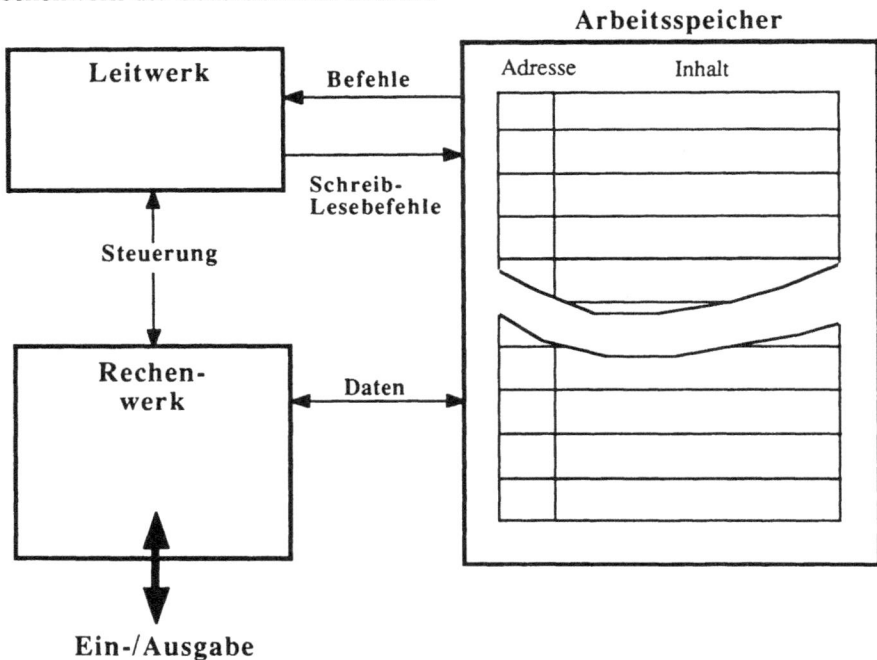

Um die Eigenheiten von Maschinensprachen verstehen zu können, muß der Aufbau des Rechenwerks näher untersucht werden.

Obwohl Prozessoren neueren Typs oft zusätzliche Einrichtungen besitzen, ist der Grundaufbau folgender:

Rechenwerk

Daten

(Hauptspeicher)

Akkumulator

Zwischen-register

Arithmetisch-logische Einheit

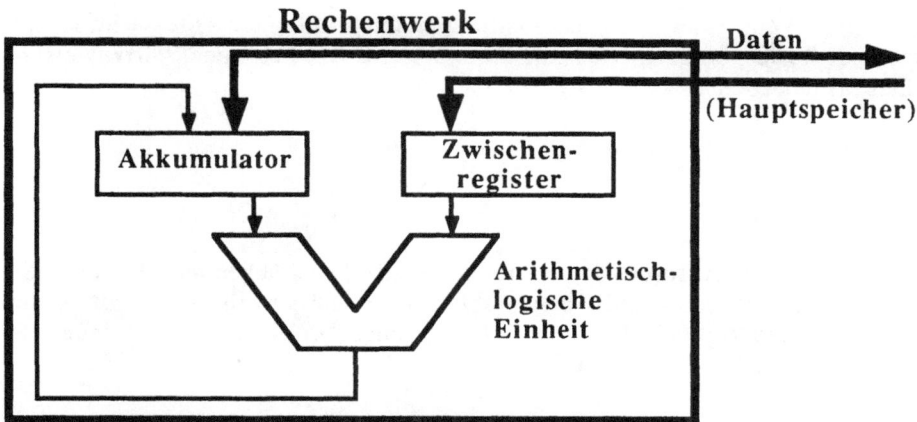

Die eigentlichen arithmetischen und logischen Operationen werden von der **arithmetisch-logischen Einheit** (**ALU**, *Arithmetic Logical Unit*) vorgenommen. Sie kann höchstens zwei Operanden verarbeiten, von denen einer dem Hauptspeicher entnommen und im **Zwischenregister** kurzfristig abgelegt wird, der andere aus einem einzelnen Speicherplatz im Prozessor, dem **Register** oder **Akkumulator** stammt. (Gerade die Anzahl der Register ist in modernen Prozessoren größer, was aber prinzipiell nichts an dem Gang der Argumentation ändert.)

Bei jeder Operation stammt also höchstens ein Operand aus dem Hauptspeicher, mithin muß jeweils nur eine Adresse verarbeitet werden. Deshalb bezeichnet man die Gestalt eines Befehls in Maschinensprache, der sich auf einen Prozessor dieser Bauweise bezieht, auch als **Ein-Adreß Form**. Modernere Prozessoren lassen auch Befehle in **Drei-Adreß Form** zu, jedoch ist die Anzahl der Operanden, die direkt dem Hauptspeicher entnommen werden können, immer beschränkt.

Die ALU ist dazu in der Lage, die Grundrechenarten (oft auch nur Additionen) und Vergleiche zwischen den beiden Operanden vorzunehmen. Das Resultat einer Operation wird immer in den Akkumulator zurückgeschrieben, von dort muß es ggf. in den Hauptspeicher transportiert werden.

Übung 1: Wenn jeder Bezeichner einer Variablen mit einer Adresse im Hauptspeicher korrespondiert, wie viele Adressen müßten bei einer Wertzuweisung eines arithmetischen Ausdruck an eine Variable wie

$$x := -((a*b + c/d)*a)*2$$

verarbeitet werden?

Brechen Sie den Ausdruck in eine Reihe von Teilausdrücken auf und legen Sie die Zwischenergebnisse auf Hilfsvariablen ab, so daß jeweils nur höchstens drei Adressen benötigt werden ("Drei-Adreß Form"). Beachten Sie dabei die Vorrangregeln für die Operatoren.

2.1.1.2 Verwendung eines Kellerspeichers und Drei-Adreß Form von Ausdrücken

Der Idee des Kellerspeichers oder **Stapels** (**Keller**, *stack* oder *pushdown store*) liegt zugrunde, daß sämtliche Zwischenergebnisse spätestens nach Errechnung des Endresultats nicht mehr gebraucht werden. Durch geschickte Verwendung des Speichers lassen sich also Speicherzellen für Hilfsvariablen einsparen. Prinzipiell liegt jeder sinnvollen Verwendung von Variablen das Kellerprinzip zugrunde, bei der Übersetzung eines Programms in Maschinensprache und bei der Programmausführung kann es zur automatisierten Hauptspeicherverwaltung eingesetzt werden.

Wenn man den Speicherbereich, der für Hilfsvariablen verwendet wird, systematisch von einer gewissen Adresse an in Richtung größerer Adressen wachsen läßt, so kann man sich ihn vorstellen als einen Stapel, auf dessen oberstem Element neue Elemente abgelegt werden können. Eine Hilfsvariable, die nicht erneut verwendet wird, kann dann beim letzten Lesen "vom Stapel geholt" werden, ihr Platz im Speicher wird dann wieder verfügbar (**zerstörendes Lesen**). Das Prinzip, nach dem sich der Stapel verändert, lautet *last in - first out* (**LIFO**): das zuletzt abgelegte Element muß als erstes wieder dem Stapel entnommen werden. Die Adresse des obersten Stapelelements gibt dann den **Pegelstand** des Stapels an:

Pegelstand

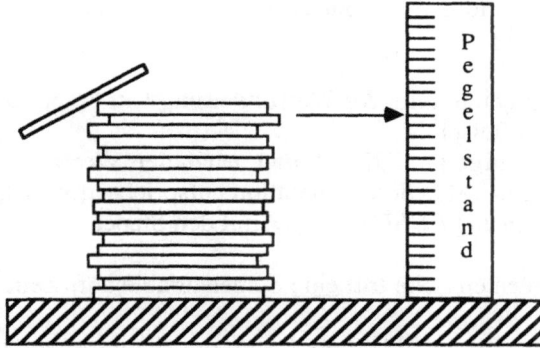

Man erhält somit einen pulsierenden Speicher.

Bei ökonomischer Verwendung des Stapels für Hilfsvariablen wird am Ende der Rechnung nur noch das Endergebnis auf dem Stapel liegen. Um dies zu erreichen, muß man bestimmte Konventionen einhalten, die nun an dem Beispiel

$$x := -((a*b + c/d)*a)*2$$

erläutert werden.

<u>Bsp.</u>: Aufbrechen der Formel in Drei-Adreß Form mit Verwendung eines Stapels, wobei SP[i] den i-ten Speicherplatz auf dem Stapel bezeichnet.

i:=0;   {Initialisierung der Pegelstand-Variablen}
1) SP[i+1]:=a*b; i:=i+1;   {erstes Zwischenergebnis auf den Stapel,
                                Erhöhung des Pegels: i=1}
2) SP[i+1]:=c/d; i:=i+1;   {zweites Zwischenergebnis auf den Stapel,
                                Erhöhung des Pegels: i=2}
3) SP[i-1]:=SP[i]+SP[i-1]; i:=i-1; {Verrechnung der beiden letzten Stapel-
                                elemente, Freimachen des obersten
                                Elements durch Erniedrigung des Pegels: i=1}
4) SP[i]:=SP[i]*a;   {Veränderung des obersten Stapelelements: i=1}
5) SP[i]:= -SP[i];   {Veränderung des obersten Stapelelements: i=1}
6) SP[i]:=SP[i]*2   {Veränderung des obersten Stapelelements: i=1}

<u>Übung 2</u>: Skizzieren Sie die Zustände des Stapels über alle sechs Takte der Formelberechnung.

Folgende Regeln sind zur automatisierbaren Verwendung des Stapels zu beachten:

• Fall 1. Auf der rechten Seite der Wertzuweisung tritt <u>keine</u> Stapelvariable auf (Zeilen 1 und 2 des Beispiels):
Wertzuweisung erfolgt an SP[i+1] und nach der Wertzuweisung wird der Pegelstand erhöht: i:=i+1. Dieser Operation entspricht in maschinenorientierten Sprachen die Anweisung *PUSH*, Ablegen auf den Stapel.

• Fall 2. Auf der rechten Seite tritt <u>eine</u> Stapelvariable auf (Zeilen 4, 5 und 6 des Beispiels):
Wertzuweisung erfolgt an SP[i], der Pegelstand bleibt unverändert. Hier wird das letzte Zwischenergebnis SP[i] vom Stapel geholt und der Pegel um Eins erniedrigt (Anweisung *POP*) und anschließend das Resultat wieder auf den Stapel ge*push*t. Insgesamt bleibt also der Pegel erhalten.

• Fall 3. Auf der rechten Seite treten <u>zwei</u> Stapelvariablen auf (Zeile 3 des Beispiels):
Wertzuweisung erfolgt an SP[i-1], der Pegel wird um Eins erniedrigt: i:=i-1. Hier werden die beiden letzten Zwischenergebnisse SP[i] und SP[i-1] (in dieser Reihenfolge!) verrechnet (2x*POP*) und das Resultat auf den Stapel ge*push*t. Insgesamt erniedrigt sich der Pegel also um Eins.

Befolgt man diese Regeln, so liegt das Endergebnis immer auf dem ersten Stapelelement, der Rest des Stapels ist frei geworden. Es ist offensichtlich, daß diese Regeln leicht mechanisierbar sind. Daher werden sie auch bei der Konstruktion von Übersetzern verwendet.

<u>Übung 3</u>: Brechen Sie nach diesen Regeln die Wertzuweisung

$$r:=(a+b)*(a-b)*(-8)$$

auf. Skizzieren Sie die Stapelzustände über die fünf Takte der Berechnung.

2.1.1.3 Aufbrechen von Formeln in die Ein-Adreß Form

Offenbar kann man in höheren Programmiersprachen, in denen auf Objekte mittels ihrer Bezeichner, die Adressen im Hauptspeicher entsprechen, zugegriffen wird, keine Befehle in Ein-Adreß Form formulieren. Es fehlt der Zugriff auf den Akkumulator.

Im folgenden wird nun eine **Pseudo-Maschinensprache**[43] eingeführt, die den Grundoperationen des Prozessors entsprechen soll und in der die Befehle in Ein-Adreß Form darstellbar sind. Die Sprache verwendet für den Akkumulator die Bezeichnung AKKU, für die Speicherzellen des Hauptspeichers einen array SP, dessen Indexe gleich den Adressen der Speicherzellen sind.

Es soll, neben den Veränderungen der Pegelstandvariablen, folgende Anweisungen an den Prozessor geben:

1. Laden des Akkumulators mit dem Wert einer Speicherzelle der Adresse i (da der Stapel und Speicherplatz für Daten und Programme denselben Rechnerteil, den Hauptspeicher, verwenden, werden beide auch mit SP[i], der Hauptspeicherzelle mit der Adresse i, bezeichnet):

$$AKKU := SP[i]$$

2. Übertragen des Akkumulatorinhalts auf eine Speicherzelle der Adresse i:

$$SP[i] := AKKU$$

3. Laden des Akkumulators mit einem konstanten Wert:

$$AKKU := >Wert<$$

4. Ausführen einer zweistelligen Operation $\otimes$ (z.B. Addition oder Multiplikation) zwischen Akkumulatorinhalt und Speicherstelle und Laden des Akkumulators mit dem Resultat:

$$AKKU := AKKU \otimes SP[i]$$

Ausführlich würde diese Anweisung unter Benutzung des Zwischenregisters ZW lauten:

$$ZW := SP[i]; AKKU := AKKU \otimes ZW$$

5. Ausführen einer einstelligen Operation $\wp$ (z.B. Negation) auf dem Akkumulatorinhalt und Laden des Akkumulators mit dem Resultat:

$$AKKU := \wp AKKU$$

Die Transformation von der Drei- auf die Ein-Adreß Form kann man rein mechanisch vornehmen: Eine Wertzuweisung

---

[43] Eigentlich handelt es sich hier um einen "Pseudo-Assembler" (siehe Bemerkung am Ende des Kapitels).

$$x := y \otimes z$$

läßt sich unter Zuhilfenahme des Akkumulators aufspalten in

$$AKKU:=y; \quad AKKU:=AKKU \otimes z; \quad x:=AKKU$$

wobei natürlich für x, y und z adressierte Hauptspeicherplätze zu verwenden sind, etwa SP[100], SP[99] und SP[98].

<u>Übung 4</u>: Notieren Sie die Berechnung der Formel "x := -((a*b + c/d)*a)*2" von oben ausschließlich mit Hilfe der Grundoperationen 1. bis 5. Benutzen Sie die oben angeführte Regel zur Überführung in die Ein-Adreß Form. Verwenden Sie für Hilfsvariablen den Stapel, wie es weiter oben entwickelt wurde. Sie können davon ausgehen, daß die Variablen a bis d bereits im Hauptspeicher stehen und daß x später zur Weiterverarbeitung vom Speicherplatz mit der unten aufgeführten Adresse abgerufen wird.

Bezeichner	Adresse
a	100
b	99
c	98
d	97
x	96

Wenn Sie die Überführung in die Ein-Adreß Form nach dem angegebenen Schema vorgenommen haben, werden Sie feststellen, daß es redundante, d.h. z.T. überflüssige Anweisungen gibt, etwa der Form

...; SP[2] := AKKU; AKKU := SP[2]; ... ,

die dadurch entstanden sind, daß ein Zwischenergebnis im nächsten Schritt wieder als Operand verwendet wurde. Solche Redundanzen werden häufig dann entstehen, wenn die Übersetzung von der höheren Programmiersprache in die Maschinensprache automatisch, d.h. durch ein Computerprogramm (Compiler oder Interpreter) vorgenommen wird. Es gibt allerdings Übersetzer, die sie erkennen und beseitigen können (**optimierende Übersetzer**).

Diese redundanten Anweisungen sind einer der Gründe, weshalb Programme, die in einer höheren Sprache abgefaßt und übersetzt wurden, meist sehr viel langsamer ablaufen als geschickt formulierte Maschinenprogramme. Diese höhere Effizienz von Maschinenprogrammen ist auch der Grund dafür, daß noch immer viele Programme (oder zeitkritische Programmteile) in einer maschinennahen Sprache entwickelt werden.

<u>Übung 5</u>: Beseitigen Sie die Redundanzen in Ihrem Pseudo-Maschinenprogramm durch Streichen der überflüssigen Wertzuweisungen an den Akkumulator.

2.1.2 Maschinennahe Programmablaufsteuerung

Der erste Abschnitt der Untersuchungen zu maschinenorientierten Programmiersprachen handelte von der für den Automaten notwendigen Aufbereitung von Formeln. Das dort entwickelte Aufbrechen von Formeln in die Ein-Adreß Form war notwendig, um Wertzuweisungen mit komplexen arithmetischen Ausdrücken soweit auf elementare Abläufe zu reduzieren, daß ein Automat mit einer typischen arithmetisch-logischen Einheit die geforderten Berechnungen ausführen kann.

An dieser Stelle wird nun entwickelt, wie der **Programmablauf** mit den elementaren, dem Automaten zur Verfügung stehenden Anweisungen gesteuert werden kann. Dabei werden insbesondere die algorithmischen Grundstrukturen "Alternative" und "Wiederholung" von Interesse sein.

Da das Leitwerk der Zentraleinheit die Aktivitäten aller Bestandteile des Rechners koordiniert, ist dieses auch die entscheidende Instanz, den Programmablauf zu steuern und damit Alternativen und Wiederholungen zu organisieren.

Die Steuerung des Programmablaufs erfolgt dadurch, daß diejenige Anweisung markiert wird, die als nächste ausgeführt werden soll. Da Programmanweisungen, wie auch die Daten, im Hauptspeicher des Rechners abgelegt sind, ist es naheliegend, die als nächste auszuführende Programmanweisung über ihre Adresse im Hauptspeicher zu identifizieren. Der Inhalt der Zelle, die diese Adresse besitzt, wird dann im nächsten Ausführungstakt in das Leitwerk geladen, vom **Befehlsdekodierer** interpretiert und vom Rechenwerk ausgeführt.

Das Leitwerk besitzt zur Ablaufsteuerung ein spezielles Register, das die Adresse der Programmanweisung enthält, die als nächste auszuführen ist. Dieses Register heißt **Befehlsregister** (BR) oder *program counter*.

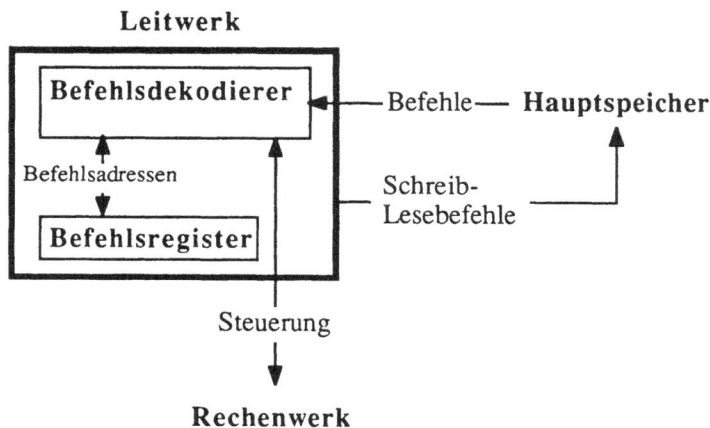

Der Inhalt des BR ändert sich nach Maßgabe der Programmanweisungen, die abgearbeitet werden:

- Nach Anweisungen, die den Programmablauf nicht ändern sollen (Sequenzen) erhöht sich der Inhalt des BR um Eins, also zur Adresse der unmittelbar folgenden Anweisung;

- nach Sprunganweisungen wird das BR mit der Adresse der Ansprungstelle geladen, so daß die Anweisung mit dieser Sprungadresse als nächste ausgeführt wird.

Wegen der einfachen Struktur des Leitwerks sind also in maschinennaher Programmierung im Prinzip nur Sprunganweisungen zur Abänderung des Programmflusses zu verwenden. Damit es sich bei diesen Strukturen tatsächlich um Alternativen oder von einer Bedingung gesteuerten Wiederholung handelt, müssen die Programmverzweigungen bedingte Sprünge sein.

2.1.2.1   Alternative und Wiederholung

Als **bedingte Sprunganweisung** sollen in der Pseudo-Maschinensprache zugelassen sein:

(1) if AKKU = 0 then goto i
(2) if AKKU >= 0 then goto i

Zusätzlich soll es noch den **unbedingten Sprung** geben:

(3) goto i

Hinter jedem Sprung steckt ein Ladebefehl an das Befehlsregister:

goto i $\Leftrightarrow$ BR := i

Die Aufgabe des Programmierers ist es nun, die Programmablaufsteuerung auf die elementaren Anweisungen (1), (2) und (3) zu reduzieren. Programme, die in höheren Programmiersprachen verschachtelte Kontrollstrukturen aufweisen, müssen hierzu "verflacht", d.h. in eine lineare Form ohne Verschachtelungen gebracht werden. Dazu wird es auch notwendig sein, die Adressen der Programmanweisungen beim Programmentwurf mitzuführen, damit bestimmte Sprungziele des "goto" auch identifiziert werden können.

Zunächst jedoch muß die Reduktion auf die erlaubten Anweisungen vorgenommen werden. Hier sollte man zunächst noch die Formeln in Drei-Adreß Form zulassen und schrittweise auf die Maschinenebene bis zur Ein-Adreß Form zurückgehen.

<u>Bsp</u>.: Die Pascal-Anweisung

while a>b do a:=a-b

wird folgendermaßen in Pseudo-Maschinensprache umgeformt:

1. Drei-Adreß Form (das Programmstück soll ab Adresse 100 im Hauptspeicher liegen):

Adresse   Anweisung

100   AKKU := b-a
101   if AKKU >= 0 then goto 104
102   a := a-b
103   goto 100
104   ...

Man beachte, daß die Wiederholungsbedingung a>b in eine Abbruchbedingung a<=b umgeformt werden muß und anschließend noch, dem elementaren bedingten Sprung gemäß, als b-a>=0 notiert wird.

<u>Übung 1</u>: Entwerfen Sie von obigem Programmstück ein **Flußdiagramm**. Flußdiagramme (auch Programmablaufpläne) bestehen im wesentlichen aus folgenden Elementen:

Sequenz

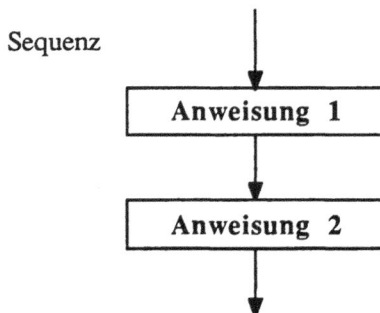

Sprung

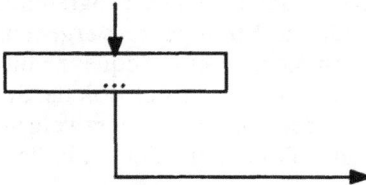

Alternative

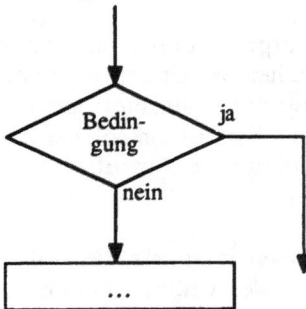

2. Ein-Adreß Form (a liege in SP[200], b in SP[201], in Schweifklammern sind die im Leitwerk ablaufenden Operationen auf dem Befehlsregister notiert):

100	AKKU := SP[201]	{BR:=BR+1}
101	AKKU := AKKU - SP[200]	{BR:=BR+1}
102	if AKKU >= 0 then goto 107	{AKKU=0:BR:=107, sonst BR:=BR+1}
103	AKKU := SP[200]	{BR:=BR+1}
104	AKKU := AKKU - SP[201]	{BR:=BR+1}
105	SP[200] := AKKU	{BR:=BR+1}
106	goto 100	{BR:=100}
107	...	

Übung 2: Wandeln Sie die Pascal-Anweisung

if x<y   then x:=a
           else y:=a

in Pseudo-Maschinensprache um. Entwerfen Sie vorher das der Pascal-Formulierung entsprechende Flußdiagramm und reduzieren Sie es schrittweise bis auf die elementaren Steueranweisungen.

Hinweis: Eine häufige Fehlerquelle bei maschinennaher Programmierung ist es, falsche Ziele für bedingte oder unbedingte Sprünge zu vergeben, wenn eine Anweisung einer höheren Programmiersprache in eine Sequenz von Maschinen-Anweisungen zerlegt werden muß. Bei Sprüngen auf solche Sequenzen ist darauf zu achten, jeweils an den Beginn der Sequenz zu verzweigen, der oft aus vorbereitenden Anweisungen, z. B. Laden des Akkumulators, besteht.

2.1.2.2 Maschinennahe Unterprogrammtechnik

Das charakteristische Merkmal von Unterprogrammen hinsichtlich des Programmablaufs ist es, daß nach dem Abarbeiten der Unterprogrammanweisungen an die Stelle des Aufrufs zurückverzweigt wird (genauer: auf die Anweisung nach dem Aufruf). Mit bedingten Sprüngen allein ist ein solcher Ablauf nicht zu realisieren, es muß für den Rücksprung hinter die Aufrufstelle noch über die Rücksprungadresse "Buch geführt" werden.

Eine Möglichkeit, diesen Vorgang zu organisieren, ist die Ablage der Rücksprungadresse auf den Stapel beim Aufruf des Unterprogramms. Beim Rücksprung muß dann lediglich diese Adresse vom Stapel geholt werden, anschließend kann sie in einer Sprunganweisung verwendet werden. Diese Technik erlaubt ein beliebig tiefes Verschachteln von Unterprogrammaufrufen; auch rekursive Programmstrukturen lassen sich so realisieren.

In der Pseudo-Maschinensprache soll der **Unterprogrammaufruf** *call* heißen und mit folgenden rechnerinternen Vorgängen verknüpft sein:

$$\text{call } >\text{adr}< \Leftrightarrow SP[i+1] := BR; \ i:=i+1; \ BR:= >\text{adr}<$$

Durch das Ablegen des aktuellen Inhalts des Befehlsregisters vor dem Unterprogrammaufruf auf den Stapel kann stets an die richtige Stelle zurückgesprungen werden.

Der **Rücksprung** heiße *return* und löst folgende Vorgänge aus:

$$\text{return} \Leftrightarrow BR:=SP[i]; \ i:=i-1$$

Der Programmierer hat also dafür zu sorgen, daß unmittelbar vor dem Rücksprung die Rücksprungadresse oben auf dem Stapel liegt.

Ein Programm mit den Anweisungen

82   call 500
83   ...
...
500   ...
...
504   return

veranlaßt demnach folgende Vorgänge (das Befehlsregister taucht in der
Graphik dreimal auf, um seine drei Zustände darzustellen):

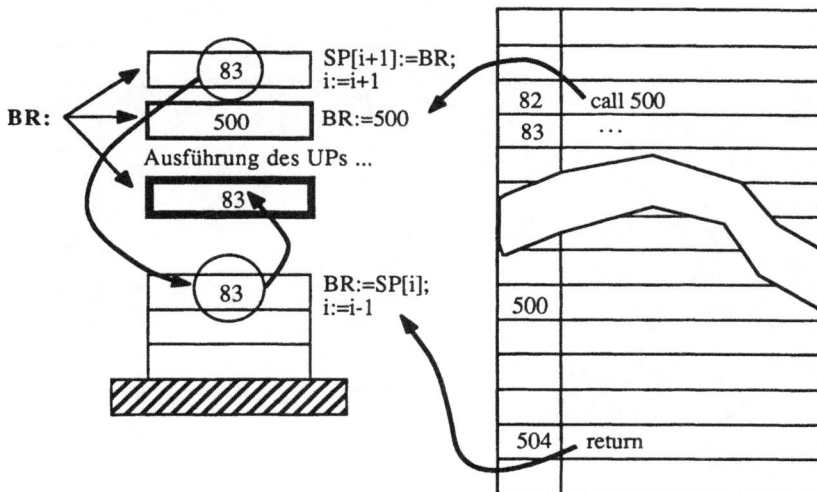

Übung 3: Formulieren Sie in allen Details folgenden Unterprogrammaufruf aus:

64   call 715
65   ...
...
715   ...
...
745   return

2.1.2.3 Verwendung von Parametern beim maschinennahen Unter-
programmaufruf

Sind beim Unterprogrammaufruf noch **Parameter** beteiligt, so müssen diese
neben der Rücksprungadresse ebenfalls zur Abarbeitung der Unterprogrammanweisungen dem gerufenen Modul zur Verfügung gestellt werden. Wie in den

höheren Programmiersprachen muß dabei wiederum zwischen den beiden Parameterarten Eingabe- und Variablenparameter beim Übergabemechanismus unterschieden werden.

Eingabeparameter können übergeben werden, indem ihr Wert (Inhalt der Speicherzelle) auf den Stapel gelegt und im Unterprogramm dem Stapel entnommen und an geeigneter Stelle im Hauptspeicher abgespeichert wird. Ein solcher geeigneter Ort wäre beispielsweise der unmittelbar hinter der Rücksprunganweisung *return* liegende Speicherbereich:

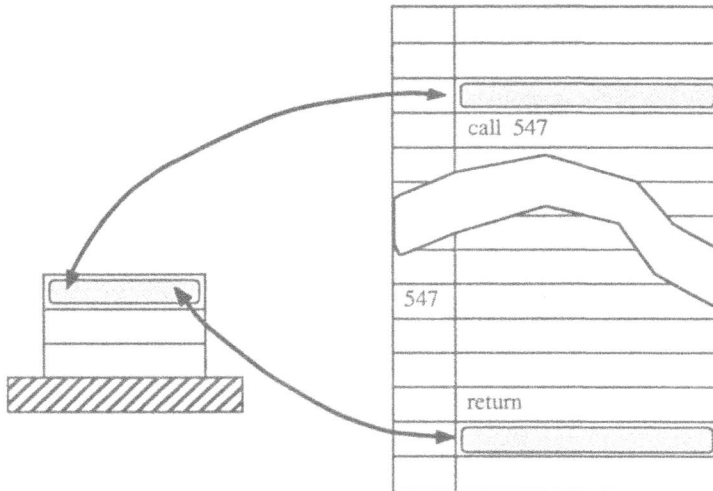

Bsp.: Einer Pascal-Prozedur

procedure UP(x:integer);
begin
...
end;

die im rufenden Programmteil mittels

UP(y);

aktiviert wird, entspricht etwa folgendes Pseudo-Maschinenprogramm (y liege auf Adresse 100, das UP beginne bei 547):

150	SP[i+1]:=SP[100]; i:=i+1	{Parameter y auf den Stapel}
151	call 547	{Rücksprungadresse auf den Stapel, Verzweigung ins UP}
...		
547	AKKU:=SP[i]; i:=i-1	{Rücksprungadresse vom Stapel nach LIFO-Prinzip}
548	SP[623]:=AKKU	{Rücksprungadresse "retten"}
549	AKKU:=SP[i]; i:=i-1	{Parameter vom Stapel}
550	SP[622]:=AKKU	{Parameter "retten"}
551	...	
...		
619	AKKU:=SP[623]	{Rücksprungadresse laden}
620	SP[i+1]:=AKKU; i:=i+1	{Rücksprungadresse auf Stapel}
621	return	
622		{Speicherplatz für den Parameter}
623		{Speicherplatz für die Rücksprungadresse}

An diesem Beispiel kann man erkennen, wie der Aktualparameter beim Aufruf (hier die Variable y auf Speicherplatz 100) im Unterprogramm vollständig schreibgeschützt ist, da ein eigener Speicherplatz eingerichtet wird, der den Wert des Formalparameters (hier x auf Platz 622) zu Ausführungszeit des Unterprogramms enthält. Bei einem Parameter, der mehr als eine Speicherzelle im Hauptspeicher benötigt (z.B. array) müssen ebenfalls mehrere Speicherzellen für den Formalparameter eingerichtet werden. Eingabeparameter sind also speicheraufwendig.

Übung 4: Ändern Sie das Pseudo-Maschinenprogramm so, daß zwei Eingabeparameter übergeben werden können.

Verwendet man beim Unterprogrammaufruf **Variablenparameter**, so übergibt man dem gerufenen Modul die **Adresse** des Parameters, nicht seinen Wert:

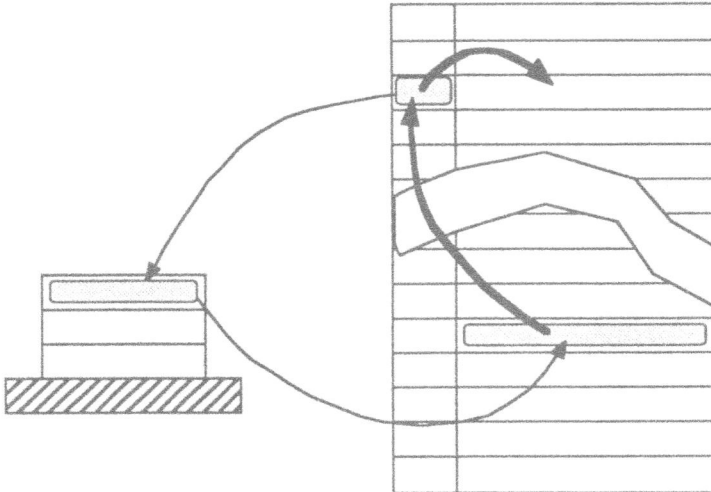

Mit Hilfe der Adresse des Aktualparameters, die die einzige Information über den Parameter ist, die man dem Unterprogramm mitteilt, wird dann bei der Ausführung des Moduls direkt mit der Speicherzelle des Aktualparameters gearbeitet (dick gezeichnete Pfeile im Diagramm).

Um auf diese Art Speicherzellen ansprechen zu können, benötigt man allerdings ein gesondertes Register im Prozessor, das **Adreßregister** (AR). Es wird hier *ad hoc* eingeführt und im nachfolgenden Beispiel verwendet.

<u>Bsp.</u>: Eine Prozedur

```
procedure UP(var x:integer);
begin
x:=2*x
end;
```

mit dem Aufruf

```
UP(y)
```

mit y wie oben entspricht etwa:

231	AKKU:=100	{Laden der Adresse von y}
232	SP[i+1]:=AKKU; i:=i+1	{diese auf den Stapel}
233	call 547	{Rücksprungadresse auf den Stapel, Verzweigung nach UP}

...

547	AKKU:=SP[i]; i:=i-1	{Rücksprungadresse laden}
548	SP[562]:=AKKU	{diese retten}
549	AKKU:=SP[i]; i:=i-1	{Parameter**adresse** laden}
550	SP[561]:=AKKU	{diese retten}
551	AR:=SP[561]	{Adreßregister mit Parameter**adresse** laden}
552	AKKU:=**SP[AR]**	{Aktualparameter**wert** laden}
553	SP[i+1]:=AKKU; i:=i+1	{diesen auf den Stapel}
554	AKKU:=2	{Konstante laden}
555	AKKU:=AKKU*SP[i]; i:=i-1	{Aktualparameter**wert** verdoppeln und **Wert** laden}
556	AR:=SP[561]	{Aktualparameter**adresse** laden}
557	**SP[AR]:=AKKU**	{Parameter belegen}
558	AKKU:=SP[562]	{Rücksprungadresse laden}
559	SP[i+1]:=AKKU; i:=i+1	{diese auf den Stapel}
560	return	
561		{Aktualparameter**adresse**}
562		{Rücksprungadresse}

Hier kann man erkennen, daß ein Variablenparameter lesenden und schreibenden Zugriff vom gerufenen Modul aus gestattet.

Hat man es bei einem Variablenparameter mit einem Objekt zu tun, das mehr als eine Speicherzelle belegt, so muß trotzdem im Unterprogramm nur eine Speicherzelle für seine Adresse aufgewendet werden. Variablenparameter benötigen also i. allg. nicht so viel Speicherplatz wie Eingabeparameter.

Bemerkungen:

1. Die hier vorgestellten Verfahren, insbesondere zur Unterprogrammtechnik, stellen nur eine von mehreren Möglichkeiten dar. Bei Verwendung von Übersetzern (Compilern oder Interpretern) werden mit Sicherheit auch andere Lösungen anzutreffen sein, das Prinzip ist jedoch stets dasselbe. Gerade bei blockorientierten Sprachen wie Pascal, bei denen Unterprogramme verschachtelt werden können und zudem Rekursion erlaubt ist, entsteht ein erheblich größerer organisatorischer Aufwand, der hier nicht getrieben wurde. Insbesondere müssen bei rekursiven Unterprogrammen die lokalen Größen jeden Durchlaufs (Parameter und lokale Variablen) separat abgespeichert werden.

2. Das, was hier "Pseudo-Maschinensprache" genannt wurde, ist im Prinzip eine **Assemblersprache**. Diese unterscheidet sich von der eigentlichen Maschinen-

sprache dadurch, daß erstere mit relativ leicht erinnerbaren Wortsymbolen arbeitet (z.B. AKKU:=243), während letztere das Programm ausschließlich in Zifferform (binär zur Basis 2, oktal zur Basis 8 oder hexadezimal zur Basis 16) notiert (z.B. hexadezimal 00A4 00F3 ..., oder binär 10100100 11110011) und somit zwar dem Prozessor direkt, dem Menschen aber sehr viel schwerer verständlich ist. Das Programm, das ein Programm in Assemblersprache in die Maschinensprache übersetzt, heißt **Assembler**, eines das den umgekehrten Vorgang ausführt, **Disassembler**.

2.2 Rechnerinterne Realisation von DV-Vorgängen

Im letzten Abschnitt dieser Darstellung ist beschrieben worden, wie die algorithmischen Grundstrukturen und die Auswertung von Formeln auf den elementaren Befehlssatz eines Rechenwerks reduziert werden können. Hier soll nun thematisiert werden, wie die elementaren Operationen im Rechenwerk **technisch** realisierbar sind. Dabei gehen wir davon aus, daß die Darstellung der Daten digital erfolgt (s.u.) und die Grundschaltungen, mit denen das Rechenwerk arbeitet, den logischen Verknüpfungen "und", "oder" und "nicht" entsprechen.

2.2.1 Datendarstellung in Analog- und Digitalrechnern

Es gibt zwei unterschiedliche Methoden, nach denen Rechengeräte arbeiten können: die analoge und die digitale. Alle modernen DV-Anlagen arbeiten nach dem digitalen Prinzip, auch die ersten mechanischen Rechenmaschinen und deren Vorläufer, z.B. der Abakus, waren so konstruiert. Es gibt allerdings bedeutende analog arbeitende Rechnertypen, die noch vereinzelt Anwendung finden (Rechenschieber), deshalb soll ihr Funktionsprinzip hier nicht fehlen.

Analogrechner verwenden physikalische Vorgänge, deren bestimmende und einstellbare Größen (Parameter) als die Operanden und deren meßbare Effekte als Resultat der Rechnung interpretiert werden. Z.B.: Addition unter Verwendung von Linealen.

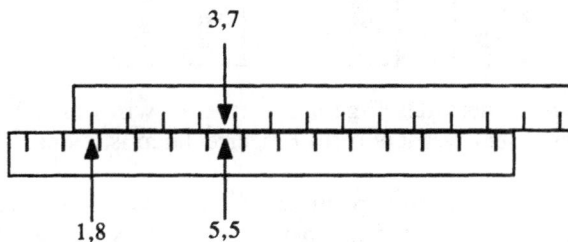

Der hier verwendete physikalische Effekt ist die Addition von Längen. Derselbe Effekt wird beim Rechenschieber mit logarithmischer Teilung ausgenutzt. Hier werden Logarithmen addiert und somit Produkte gebildet.
Ein anderer Effekt ist z.B. die Addition mit Hilfe von elektrischen Spannungen. Es wird ausgenutzt, daß zwei Spannungen in einem Stromkreis sich zur Gesamtspannung addieren, wenn sie in Reihe geschaltet sind:

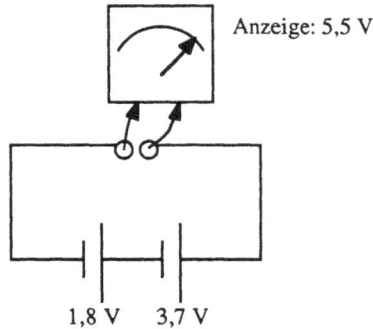

In der Vergangenheit waren analoge Rechenmaschinen die Regel, vor allem zu astronomischem und geodätischem Gebrauch.

Kennzeichen analoger Rechenverfahren ist, daß die Operanden und die Resultate jeweils auf einer kontinuierlichen Skala als Näherungswerte einzustellen sind und das Resultat folglich immer nur mit einem Meß- und Ablesefehler behaftet erarbeitet wird.

Im Gegensatz dazu arbeiten **Digitalrechner** mit diskreten Skalen, also solchen, die nur endlich viele bestimmte, wohlunterscheidbare Größendarstellungen erlauben. Die Darstellung ist immer eindeutig und ein Meß- oder Ablesefehler ist ausgeschlossen. Paradebeispiel hierfür ist das Fingerrechnen, von dem auch die Bezeichnung "digital" abstammt:

Das Verfahren, nach dem das Ergebnis erarbeitet wird, muß hier durch einen **Algorithmus** festgelegt werden, beim Fingerrechnen ist es das Zählen.

Bei modernen Rechenanlagen wird immer die digitale Arbeitsweise verwendet, da sie technisch leichter beherrschbar ist. Es hat sich dabei bewährt, zur Datendarstellung lediglich zwei Skalenzustände zuzulassen (**Binärsystem**). Diese Zustände werden physikalisch durch Spannungen (hohe / niedrige Spannung), durch Ströme (hoher / niedriger Stromfluß), durch Magnetisierungen (nach "oben" / "unten") oder durch Markierungen (z.B. die Löcher in der Lochkarte) realisiert.

In älteren Rechenmaschinen findet man vornehmlich Zahnräder, die durch ihre Stellung einen Skalenwert repräsentieren; hierbei ist die Verwendung von zehn Skalenzuständen die Regel, wie es auch das gebräuchliche Zehnersystem der Zahldarstellung nahelegt.

Will man Daten mit zwei Skalenzuständen darstellen, so muß man für die Zahldarstellung vom Dezimal- zum Binärsystem übergehen. Grundlage der Zahldarstellungen in den verschiedenen Systemen ist die Stellenwertschreibweise mit verschiedenen Basen.
Eine Zahl im Dezimalsystem ist eine Folge von Ziffern, die als Faktoren vor Zehnerpotenzen gedeutet werden:

$$306_{10} = 3*10^2 + 0*10^1 + 6*10^0$$

Dieselbe Zahl im Zweiersystem (**Dualzahl**) ergibt sich durch Entwicklung des Werts der Zahl nach Potenzen von Zwei:

$$306_{10} = 1*2^8 + 0*2^7 + 0*2^6 + 1*2^5 + 1*2^4 + 0*2^3 + 0*2^2 + 1*2^1 + 0*2^0$$
$$= 100110010_2$$

Die Folge von Ziffern im Zweiersystem ist nun einfach durch die beiden Skalenzustände darstellbar, etwa durch eine entsprechende Lochung:

Ebenso verfährt man nun bei Verwendung von elektrischen oder magnetischen Skalenzuständen in modernen Digitalrechnern. Sowohl in den Registern des Rechenwerks als auch im Hauptspeicher und auf den externen Speichermedien werden Daten binär dargestellt.

<u>Übung 1</u>: Wie lautet die dezimale Darstellung der Dualzahl

1101001?

Welcher Dualzahl entspricht die Dezimalzahl

546?

Die besondere Stärke der Darstellung im Binärsystem liegt in der engen Verwandschaft zwischen den Algorithmen, nach denen Zahlen im Binärsystem verarbeitet werden, mit den Gesetzmäßigkeiten, nach denen logische Aussagen, die auch nur zwei Werte ("wahr" oder "falsch") annehmen können, verknüpfbar sind. Der ganze Apparat der formalen Logik läßt sich unmittelbar auf den Entwurf von Algorithmen für Digitalrechner und deren Bau anwenden.
Es ist daher zweckmäßig, für die Bezeichnung der Grundelemente, aus denen Digitalrechner aufgebaut sind, Begriffe der Aussagenlogik zu verwenden.

2.2.2   Logische Schaltungen

Bei einer Datendarstellung im Binärsystem, bei der die beiden Skalenzustände, die als "0" oder "1" interpretiert werden, in Form von niedrigen und hohen Spannungen realisiert sind, ist die Funktionsweise der logischen Schaltelemente folgendermaßen definiert:

Und-Schaltung:

Das Und-Schaltglied besitzt zwei Eingänge und einen Ausgang. Interpretiert man den Skalenzustand "niedrige Spannung" mit dem Wahrheitswert "falsch" und den Zustand "hohe Spannung" mit "wahr", so liegt am Ausgang des Schaltglieds eine Spannung, deren Wert (niedrig oder hoch) dem Wert des logischen Ausdrucks "Eingang1 und Eingang2" entspricht:

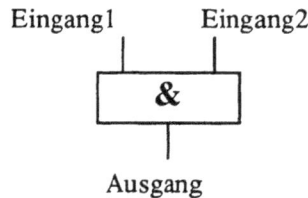

Eingang1   Eingang2

&

Ausgang

Hinweis: Die in diesem und den beiden folgenden Abschnitten dargestellten Schaltungsdiagramme können auch als graphisch leicht variierte Kantorovic-Bäume aufgefaßt werden. So entspricht obige Und-Schaltung dem Kantorovic-Baum

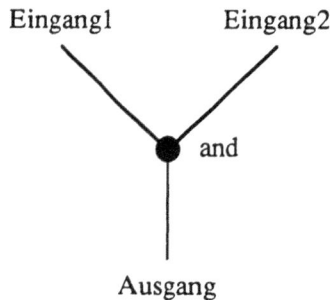

Eingang1   Eingang2

and

Ausgang

Die Schaltzustände lassen sich nun genau wie die logischen Verknüpfungen in Form einer Wahrheitswerttabelle darstellen:

Eingang1	Eingang2	Ausgang
wahr (hohe Spannung)	wahr (hohe Spannung)	wahr (hohe Spannung)
wahr	falsch (niedrige Sp.)	falsch (niedrige Sp.)
falsch	wahr	falsch
falsch	falsch	falsch

Für unsere Zwecke ist allerdings die Darstellung mit Dualzahlen zweckmäßiger:

Eingang1	Eingang2	Ausgang
1	1	1
1	0	0
0	1	0
0	0	0

Oder-Schaltung:

Da die Verknüpfung "oder", wie die "und"-Verknüpfung, eine zweistellige Operation ist, besitzt auch das Oder-Schaltglied zwei Eingänge und einen Ausgang:

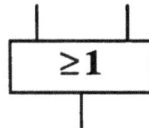

$$\geq 1$$

Die Wertetabelle lautet:

Eingang1	Eingang2	Ausgang
1	1	1
1	0	1
0	1	1
0	0	0

Aus der Tabelle wird auch ersichtlich, woher das Schaltsymbol "≥ 1" kommt: falls die Summe der Eingänge ≥ 1 ist, ist der Wert am Ausgang auch Eins.

Durch Zusammenschalten von Schaltgliedern lassen sich neue Konfigurationen mit mehr als zwei Eingängen erstellen:

a   b   c

&

≥ 1

y

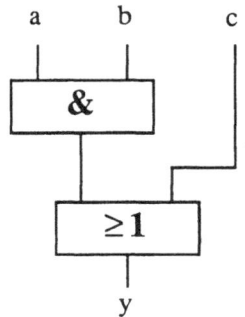

<u>Übung 1</u>: Entwerfen Sie den Kantorovic-Baum zu obigem Diagramm. Welchem logischem Ausdruck, in dem Wahrheitwertvariablen a, b, c und y, die logischen Verknüpfungen "und" und "oder" sowie Klammern vorkommen, entspricht obige logische Schaltung?

Füllen Sie dazu die Wahrheitswerttabelle aus:

a	b	c	y=
1	1	1	
1	1	0	
1	0	1	
1	0	0	
0	1	1	
0	1	0	
0	0	1	
0	0	0	

Zum Bau der wichtigsten Schaltungen fehlt noch die

Nicht-Schaltung:

Sie besitzt nur einen Eingang, wie auch die logische "nicht"-Verknüpfung nur eine einstellige Operation darstellt:

a ———●——— b

Die Tabelle lautet:

a	b
1	0
0	1

2.2.3 Halbaddierer

Mit Hilfe der drei logischen Grundschaltungen kann nun ein Addierer für Dualzahlen konstruiert werden.
Zunächst werden nur zwei einstellige Dualzahlen betrachtet. Die möglichen Aufgabenstellungen und Resultate lauten:

$0+0 = 0$
$0+1 = 1$
$1+0 = 1$ und
$1+1 = 10$

Offensichtlich werden zwei Eingänge a und b für die Operanden und auch zwei Ausgänge s und ü für die **Summe** und den **Übertrag** benötigt. Bevor die Schaltung konstruiert wird, ist die Aufstellung der Wertetabelle empfehlenswert.

Übung 1: Füllen Sie untenstehende Wertetabelle aus:

a	b	s	ü	
0	0			(1)
0	1			(2)
1	0			(3)
1	1			(4)

Welchem logischen Ausdruck entsprechen die Werte des Übertrags ü?

ü =

Welchem logischen Ausdruck entsprechen die einzelnen Zeilen (2) und (3) für die Summe s?

Wie heißt der logische Ausdruck, der (2) und (3) für s zusammenfaßt?

s =

Übung 2: Man entwerfe das Schaltbild für s und für ü.

Hinweis: Sich überkreuzende Leitungen im Schaltbild sollen dann Kontakt haben, wenn sie eine "Lötstelle" besitzen, die mit einer kleinen Scheibe gekennzeichnet ist:

2.2.4 Volladdierer

Bei Additionsproblemen, in denen mehr als einstellige Dualzahlen auftreten, genügt der Halbaddierer (HA) nicht mehr, denn neben den beiden Dualzahlstellen muß noch der Übertrag von der niederwertigen Stelle berücksichtigt werden:

$$
\begin{array}{r}
0\;1\;1\;0 \\
+\,0\;0\;1\;1 \\
0\;\;1\;\;1\;\;0 \quad \text{(Übertrag)} \\
\hline
1\;0\;0\;1
\end{array}
$$

Ein **Volladdierer**, der zur Lösung von beliebigen Additionsaufgaben einsetzbar ist, indem er von rechts nach links jeweils eine Stelle verarbeitet, muß also noch das Ergebnis des Halbaddierers mit dem Übertrag der vorigen Stelle verarbeiten. Es sind demzufolge drei Eingänge (die beiden Summandenstellen und der Übertrag der vorigen Rechnung) erforderlich. Da es bei der Addition der Summe der beiden Summandenstellen und des alten Übertrags auch wieder einen Übertrag geben kann, muß auch dieser noch zum Übertrag der Addition der beiden Summanden addiert werden. Unter Verwendung von drei Halbaddierern läßt sich nach dieser Maßgabe ein Volladdierer konstruieren.

<u>Übung 1</u>: Welchen Wert hat der Übertrag des untersten Halbaddierers (HA3)?

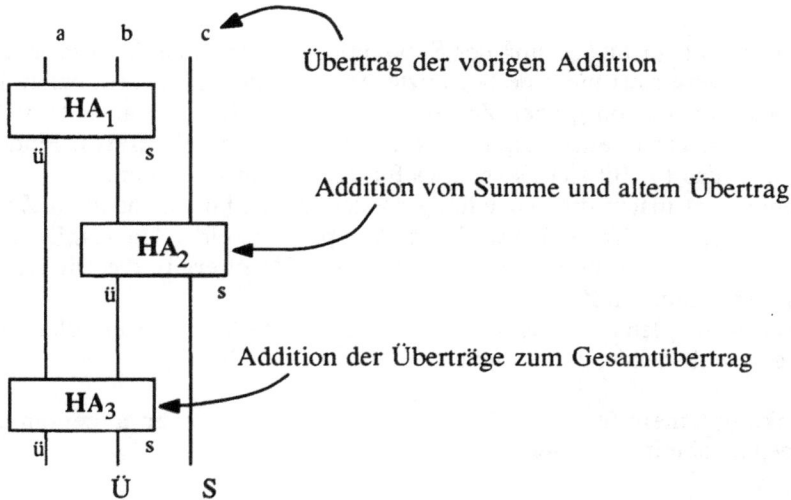

Offenbar ist der dritte Ausgang der obigen Schaltung überflüssig; man kann den untersten Halbaddierer also durch einen einfacheren Baustein ersetzen. Welche logische Verknüpfung zwischen den beiden Teilüberträgen tatsächlich notwendig ist, kann durch Aufstellen der Wertetabelle der beteiligten Größen ermittelt werden.

Übung 2: Füllen Sie folgende Wertetabelle aus:

a	1	1	1	1	0	0	0	0
b	1	1	0	0	1	1	0	0
c	1	0	1	0	1	0	1	0
$\ddot{u}_2$								
$\ddot{u}_1$								
Ü								

Welche einfachere logische Verknüpfung von $\ddot{u}_1$ und $\ddot{u}_2$ als die Summe des Halbaddierers ergibt stets die richtigen Werte für Ü?
Welches ist demzufolge die vereinfachte Schaltung für den Volladdierer?

2.2.5 Rückführung der Subtraktion auf die Addition im Zweierkomplement

Mit Hilfe des Volladdierers lassen sich Additions- und, durch mehrfaches stellenrichtiges Addieren, auch Multiplikationsaufgaben lösen. Aber auch Subtraktion und Division sind von der Addition ableitbar.

Ausgangspunkt für die Lösung des Subtraktionsproblems ist die Tatsache, daß das Rechenwerk stets nur eine begrenzte Anzahl von Stellen verarbeiten kann. Die Standardlänge von ganzen Zahlen beträgt 16 Stellen oder auch 16 **Bit** (ein Bit entspricht genau einer Digitalziffer, acht Bit bilden ein **Byte**). Findet ein Übertrag in das 17. Bit statt, so geht es für das Ergebnis verloren.

Aus dieser Not macht die Darstellung ganzer Zahlen im sogenannten **Zweierkomplement** eine Tugend. Das Zweierkomplement einer Dualzahl, zu einer anderen Dualzahl mit beschränkter Stellenzahl addiert, ergibt die Differenz der beiden ursprünglichen Zahlen.

Das Zweierkomplement einer Zahl erhält man durch Vertauschen aller "0" mit "1" und anschließender Addition von 1:

Zweierkomplement(0010) = 1101 + 1 = 1110 bei einer angenommenen Verarbeitungsbreite von vier Bit.

Das Vorzeichen einer Dualzahl in endlicher Darstellung erkennt man offensichtlich an dem Bit ganz links, ist es Null, so handelt es sich um eine positive Zahl, andernfalls ist sie negativ.

Zur Motivation der Subtraktionsregel wird gezeigt, daß die Summe einer Dualzahl und ihres Zweierkomplements immer Null ist (wie es auch sein muß, wenn es sich eigentlich um eine Subtraktion handeln soll):

Schreibt man eine Dualzahl und die aus ihr durch Vertauschen von 0 und 1 hervorgehende Zahl untereinander, so ergänzen sich alle Stellen in der Summe zu 1:

```
1101100110
0010011001
1111111111
```

Addiert man anschließend 1, so entsteht:

```
10000000000
```

wobei die höchstwertige Stelle durch Überlauf des Registers unter den Tisch fällt:

```
0000000000
```

Es ist naheliegend, daß auch im allgemeinen Fall bei endlicher Registerbreite gilt:

Dualzahl1 + Zweierkomplement(Dualzahl2) = Dualzahl1 - Dualzahl2.

<u>Übung 1</u>: Lösen Sie im Binärsystem mit Hilfe von 8 Bit breiten Registern die Subtraktionsaufgabe 9-24.

2.2.6 Aufbau einer binären Speicherstelle (Flip-Flop)

Aufgabe einer Speicherstelle ist es, eine Grundinformationseinheit (1 Bit) darzustellen. Der Wert der Informationseinheit, im Binärsystem "0" oder "1", muß festgelegt und geändert werden können; es muß aber keiner besonderer Maßnahmen bedürfen, die Information zu halten, solange die Spannungsversorgung gesichert ist.

Es soll nun ein **Schaltwerk**[44] konstruiert werden, das genau diesen Forderungen gerecht wird; es hat den Namen **Flip-Flop**, der andeutet, daß es zwischen zwei Zuständen (den beiden binären Skalenzuständen) hin und her wechseln kann.

Das Flip-Flop soll zwei Eingänge besitzen: der eine Eingang dient zum Setzen der Speicherstelle auf den Wert "1" (**Set**), der andere zum Rücksetzen auf den Wert "0" (**Reset**). Es ist mindestens ein Ausgang erforderlich, der den Zustand der Speicherstelle darstellt: "1" oder "0". In Hinblick auf spätere Anwendungen des Flip-Flops besitzt es außerdem noch einen Ausgang, der die Negation des Werts darstellt:

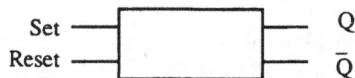

Es gibt mehrere Möglichkeiten, Flip-Flops mit Hilfe der logischen Grundbausteine zu realisieren, im folgenden wurde diejenige ausgewählt, die Oder-Schaltglieder verwendet:

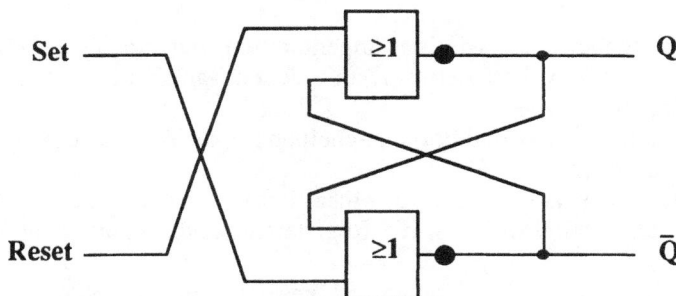

---

[44] Ein **Schaltwerk** ist eine Schaltung, bei der die Ausgänge wenigstens zum Teil wieder an die Eingänge zurückgeführt werden, wodurch das Ergebnis nicht nur von den Eingangswerten, sondern auch noch von der Vorgeschichte der Schaltung in Form alter Ausgabewerte abhängt.

Bemerkenswert an dieser Schaltung ist, daß die Ausgänge der Oder-Schaltglieder verschränkt an die Eingänge zurückgeführt werden. Dadurch sind nicht mehr alle kombinatorisch möglichen Belegungen der zwei Ein- und zwei Ausgänge logisch widerspruchsfrei. Vielmehr gilt:

Set=0 und Reset=0 erzwingt (Q=1 und $\bar{Q}$=0) oder (Q=0 und $\bar{Q}$=1).

Set=0 und Reset=1 erzwingt Q=0 und $\bar{Q}$=1.

Set=1 und Reset=0 erzwingt Q=1 und $\bar{Q}$=0.

Set=1 und Reset=1 erzwingt Q=0 und $\bar{Q}$=0.

Übung 1: Weisen Sie obige Beziehungen durch Untersuchung der Flip-Flop-Schaltung nach.

Es stellt sich heraus, daß für den Fall, in dem nicht Set und Reset gleichzeitig den Wert "1" haben, nur Zustände möglich sind, bei denen entweder der eine oder der andere Ausgang den Wert "1" haben kann.
Wird das Flip-Flop mit keinem Impuls belegt (Set und Reset beide "0"), so bleibt der Speicherzustand erhalten, Set=1 setzt Q auf 1, Reset=1 setzt Q auf 0.
Solange man also dafür sorgt, daß nur höchstens ein Eingang auf hoher Spannung liegt, verhält sich das Schaltwerk wie eine Speicherstelle.

2.2.7 Aufbau eines Registers

Ziel der hier vorgestellten Gedankengänge ist es, mit Hilfe eines Volladdierers und der elementaren Speicherstellen (Flip-Flops) ein vollständiges mehrstelliges Addierwerk aufzubauen. Da der Volladdierer jeweils nur zwei Dualzahlstellen mit einem Übertrag verarbeiten kann, muß für ein stellenweises Abarbeiten der Operanden in den Registern "Akkumulator" und "Zwischenspeicher" gesorgt werden.

Besitzt das Rechenwerk, wie hier angenommen, nur einen Volladdierer[45], so sind zwei Möglichkeiten denkbar, mit denen sämtliche Stellen verarbeitet werden können:
- man schließt den Volladdierer nacheinander an die einzelnen Stellen der Operanden an oder
- man beläßt den Volladdierer an einer Stelle des Registers und schiebt die Registerinhalte stellenweise in die Registerstelle, die Kontakt mit dem Volladdierer hat.
Die letzte der beiden Möglichkeiten soll hier dargestellt werden.

---

[45] Es ist allerdings üblich, Addierwerke mit mehreren, parallel arbeitenden Volladdierern zu bauen.

Um Registerinhalte verschieben zu können, müssen die Flip-Flops, aus denen das Register aufgebaut ist, untereinander verbunden sein. Bei geeignet gebauten Flip-Flops[46] ist es nun möglich, zu einem bestimmten Zeitpunkt (dieser wird durch den "Takt", s.u., bestimmt) den Inhalt einer Registerstelle auf den jeweils rechten Nachbarn zu übertragen, den Registerinhalt also nach rechts zu verschieben. Man erkennt nun, daß tatsächlich zwei Ausgänge des Flip-Flops benötigt werden.

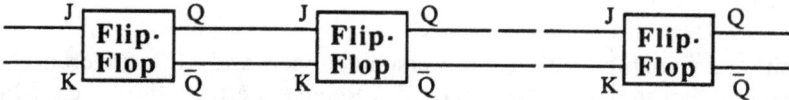

J — **Flip-Flop** — Q   J — **Flip-Flop** — Q   J — **Flip-Flop** — Q
K — **Flip-Flop** — $\overline{Q}$ K — **Flip-Flop** — $\overline{Q}$ K — **Flip-Flop** — $\overline{Q}$

Man unterscheidet mehrere Formen des **Registerschiebens**:

- Das zyklische Schieben (Rotieren), bei dem der Inhalt der am weitesten rechts liegenden Registerstelle wieder von links in die am weitesten links liegende übertragen wird (solch ein Bauteil heißt **Ringregister**):

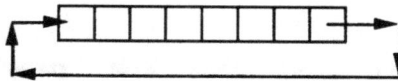

- Das Nachschieben eines Konstanten Wertes (i. allg. 0) von links, wobei die Stelle ganz rechts verlorengeht oder an anderer Stelle weiterverwandt wird:

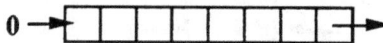

0 →

- Das Nachschieben eines variablen Werts, der von anderer Stelle des Schalt-werks kommt:

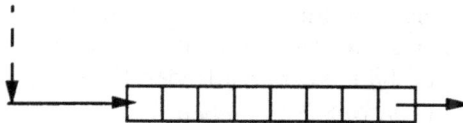

Übung 1: Es ist nachzuvollziehen, welche Werte ein vierstelliges Register nach einigen Rotationsvorgängen besitzt:

---

[46] Es sind dies die sog. "J-K-Flip-Flops", die aus zwei separaten Flip-Flops aufgebaut sind. Die beiden Eingänge des ersten dieser Flip-Flops heißen "J" und "K"; dieses erste Flip-Flop speichert zunächst die angelegten Werte und gibt sie dann zu einem bestimmten Zeitpunkt (s.u. "Takt") an das zweite weiter, das die Werte von Q und seiner Negation am Ausgang anzeigt.

Rotation Nr.	Stelle 4	Stelle 3	Stelle 2	Stelle 1	Wert im Dezimal-system
1	0	1	1	0	
2					
3					
4					
5					
6					

Die zeitliche Synchronisation der Verschiebungen und aller anderen elementaren Funktionen in der Zentraleinheit des Rechners erfolgt durch den **Maschinentakt**, der durch ein periodisches Signal die Vorgänge auslöst. Der Maschinentakt wird durch ein Rechtecksignal realisiert, das zwischen Maximal- und Nullspannung pendelt:

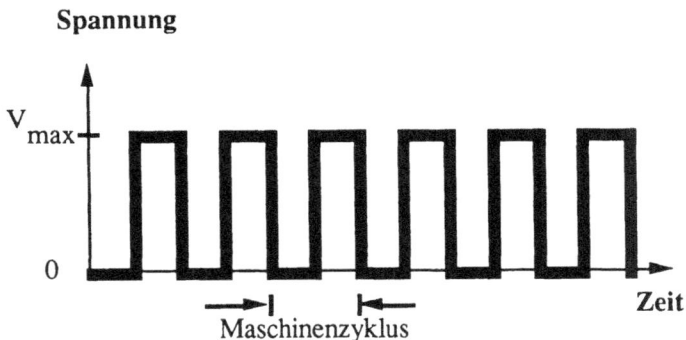

Der Maschinentakt muß bei den Registerstellen anliegen und den Übertragungsvorgang auslösen. Bei den **J-K-Flip-Flops** übernimmt das erste der beiden Flip-Flops, aus denen das J-K-Flip-Flop aufgebaut ist, den Wert der Eingänge bei der ansteigenden **Flanke** des Takts, also wenn die Spannung von 0 auf V_{max} ansteigt, und gibt ihn bei der abfallenden Flanke an das zweite Flip-Flop weiter, das die Werte der Ausgänge speichert.

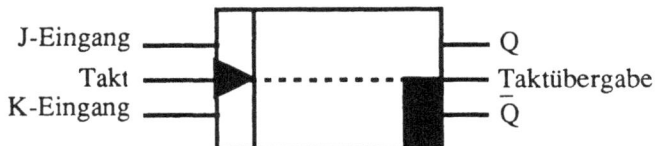

Übung 2: Entwerfen Sie mit Hilfe eines solchen Flip-Flops ein Ringregister mit vier Stellen (der Takt komme von dem Element, das durch die Rechteckschwingung gekennzeichnet ist):

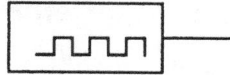

2.2.8 Aufbau eines Serienaddierwerks

Es liegen nun alle Schaltelemente vor, um einen **Serienaddierer** zu konstruieren.

Es sollen zwei vierstellige Dualzahlen addiert werden, deren Stellen nacheinander in vier Takten in die Eingänge eines Volladdierers geschoben werden. Die links freiwerdenden Stellen des oberen Operandenregisters werden mit den Stellen der Summe aufgefüllt. In dieser Bauweise wird die Struktur der logisch-arithmetischen Einheit realisiert: das obere Schieberegister ist der Akkumulator, der den einen Operanden vor der Operation und das Resultat danach enthält.

Übung 1: Vervollständigen Sie untenstehende Schaltung zunächst ohne Berücksichtigung des Übertrags, realisieren Sie insbesondere auch das Nachschieben des Ergebnisses in das obere Register (Hinweis: ein Querstrich über einer Bezeichnung bedeutet eine Negation):

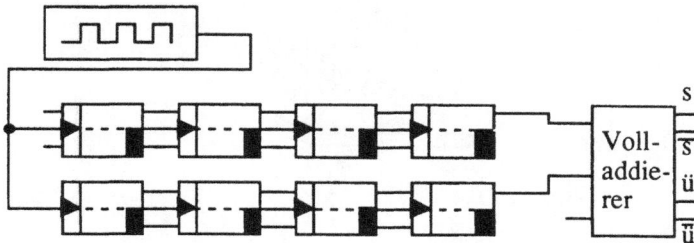

Der bei jeder Rechnung auftretende Übertrag benötigt nur eine Speicherzelle, da er nach Verarbeitung irrelevant wird. Der Übertrag geht an den dritten Eingang des Volladdierers und wird durch die Übertrags-Ausgänge des Volladdierers gesetzt.

Übung 2: Vervollständigen Sie das Schaltbild um das Übertrags-Flip-Flop und die notwendigen Verbindungen.

Bemerkung: In dem nun vollständigen Serienaddierwerk wurde das Konzept des Akkumulators verwirklicht: er ist sowohl Operanden- als auch Resultatregister. Die Subtraktion in einer solchen ALU wird durch Addition des Zweierkomplements verwirklicht, die Multiplikation, wie auch bei den meisten mechanischen Rechenmaschinen, durch sukzessive stellenrichtige Addition.

2.3 Aufbau und Organisation einer DV-Anlage

Als Abschluß der Einführung in die Informatik sollen das Zusammenspiel der Komponenten einer DV-Anlage und die Organisation ihrer Benutzung thematisiert werden. Dazu werden der technische Aufbau einer DV-Anlage, die Hierarchie der Speicherkomponenten, die zum Betrieb notwendigen Grundprogramme und die üblichen Betriebsarten dargestellt.

2.3.1 Rechnerkonfiguration

Folgendes Schaubild verdeutlicht den Aufbau einer DV-Anlage:

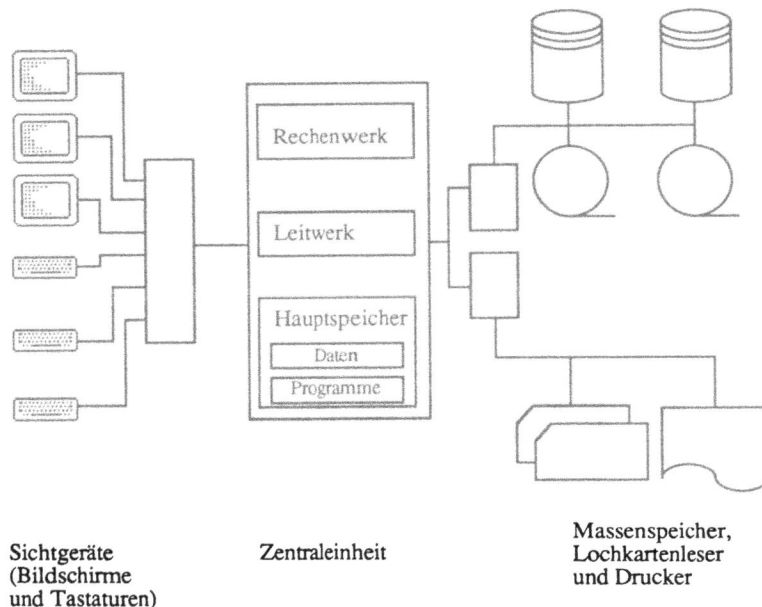

Sichtgeräte   Zentraleinheit   Massenspeicher,
(Bildschirme   Lochkartenleser
und Tastaturen)   und Drucker

Linksseitig sind **Datensichtgeräte** (Monitor und Tastatur) angebracht, über die ggf. mehrere Benutzer die DV-Anlage in Anspruch nehmen können. Über eine Steuerung sind sie mit der **Zentraleinheit** verbunden. Auf der rechten Seite befinden sich oben die externen **Massenspeicher** (oben die **Magnetplatten**, unten die **Magnetbänder**) und rechts unten die Ein- und Ausgabemedien Lochkartenleser und Schnelldrucker.

Diese Rechnerarchitektur liegt so typischerweise bei **Großrechenanlagen** vor, bei **Mikrocomputern** sind an die Zentraleinheit jeweils nur ein Sichtgerät und ein oder mehrere Speichermedien und Drucker angeschlossen.

Eine Rechnerkonfiguration, wie sie im Schaubild dargestellt ist, hat sich für

Anlagen mit sehr teuren und leistungsfähigen Zentraleinheiten und peripheren Einrichtungen durchgesetzt. Durch Anschluß mehrerer Benutzer können so die aufwendigen Komponenten des Rechners ökonomischer genutzt werden.

Der Informationsaustausch der verschiedenen an die Zentraleinheit angeschlossenen peripheren Einrichtungen erfolgt über Ein-/Ausgabe- (E/A-) **Kanäle**. Diese werden jeweils von eigenen E/A-Prozessoren gesteuert.

Bei Mikrocomputern werden z.T. entgegengesetzte Wege eingeschlagen: mehrere Zentraleinheiten (Mikrocomputer) sind an eine gemeinsame Peripherie angeschlossen, da diese mittlerweile oft teurer als die Rechner ist. Der Zusammenschluß, der einen Informationsaustausch zwischen den Mikrocomputerbenutzern ermöglicht und auch oft eine Kopplung an Großrechner beinhaltet, erfolgt in Form **lokaler Netze** (**LAN**s: *local-area networks*).

2.3.2 Speicherhierarchie

Die Speicherkomponenten einer DV-Anlage besitzen unterschiedliche Fassungsvermögen, Informations-Zugrifffszeiten und Kosten pro Informationseinheit. Aus diesem Grunde sind sie hierarchisch organisiert: die schnellsten und teuersten Speicher, die Register des Prozessors, liegen dem Prozessor am nächsten und haben das geringste Fassungsvermögen, die langsamsten und billigsten Speicher (Magnetplatte, Magnetband und Lochkarten) sind über Kanäle an die Peripherie gerückt worden und beinhalten große Datenmengen. Register und Hauptspeicher sind aus Halbleiterelementen gebaut (aus Transistoren gefertigte Flip-Flops) und können die Daten nicht permanent halten: nach Ausschalten der Anlage gehen sie verloren. Hingegen werden auf Platten und Bändern die Information permanent durch Veränderung des magnetisierbaren Materials abgelegt, so daß Daten auf diese Weise archiviert werden können.

Ein weiterer Unterschied zwischen den verschiedenen Speicherkonzepten ist die Zugriffsart[47] auf die Informationen: man muß unterscheiden zwischen Speichern mit wahlfreiem Zugriff (*random access*) (Hauptspeicher, Magnetplatte), bei dem direkt auf jeden Teil des Mediums zugegriffen werden kann, und sequentiellem Zugriff, bei dem außer dem tatsächlich benötigten Teil des Speichers auch alle vorangehenden Speicherbereiche gelesen oder beschrieben werden müssen, wie es bei Magnetbändern naheliegt.

Die Einheit **Byte** bezeichnet acht binäre Speicherstellen, also acht **Bit**. Für die Darstellung eines Zeichens (*character*) ist jeweils ein Byte notwendig.

---

[47] siehe auch Abschnitt 1.1.5

ungefähre Kapazität

1 ... 4 Byte	1 Mio Byte	100 Mio Byte	"∞"

Register	Hauptspeicher	Plattenspeicher	Bandspeicher

ungefähre Übertragungsgeschwindigkeit

200 Mio Byte/sec	20 Mio Byte/sec	500.00 Byte/sec	100.000 Byte/sec

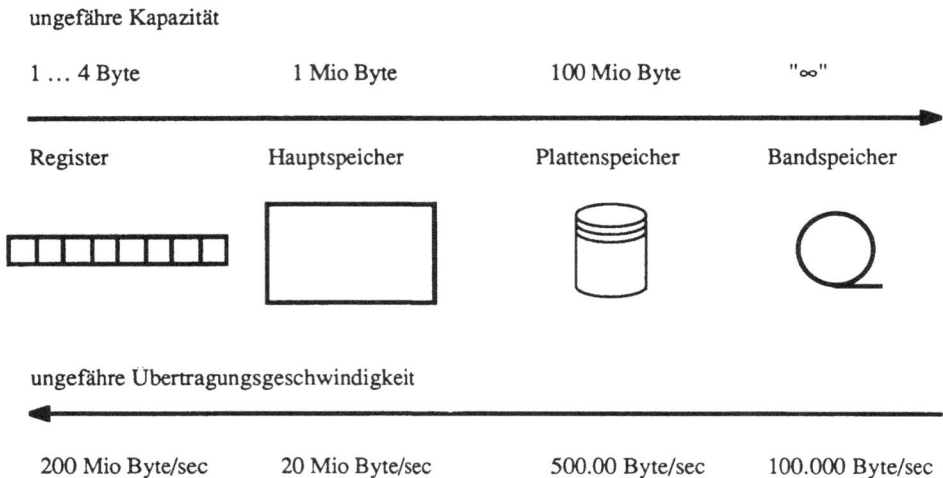

Die unterschiedlichen Übertragungsarten von Informationen von den und auf die externen Massenspeicher werfen Probleme sowohl der Koordinierung als auch der Bereitstellung auf: es wäre nicht wünschenswert, den schnellen Prozessor zu blockieren, indem man ihn auf die Datenzufuhr von den langsamen Speichermedien warten ließe. Die Lösung dieses Problems erfolgt durch das **virtuelle Speicherkonzept**. Dabei werden die vom Prozessor benötigten Daten vorsorglich von den langsamen zu den schnelleren Speichern transportiert, und zwar möglichst so, daß die gerade zu verarbeitenden Daten möglichst nah am Prozessor liegen. Es ergeben sich so zwei virtuelle Speicherbereiche: der virtuelle Hauptspeicher, der aus dem eigentlichen Hauptspeicher und den nach Bedarf nachgeladenen Daten der Plattenspeicher besteht und der virtuelle Plattenspeicher, bei dem die Plattenkapazität um die zur Verfügung gestellten Daten einer Magnetbandeinheit vergrößert wird.

Das virtuelle Speicherkonzept, dessen Realisierung das Betriebssystem (s.u.) übernimmt, ermöglicht es dem Programmierer, einen weitaus größeren Speicherbereich ohne expliziten Bezug auf die externen Massenspeicher zu verwenden, als es der Hauptspeicher eigentlich erlaubt.

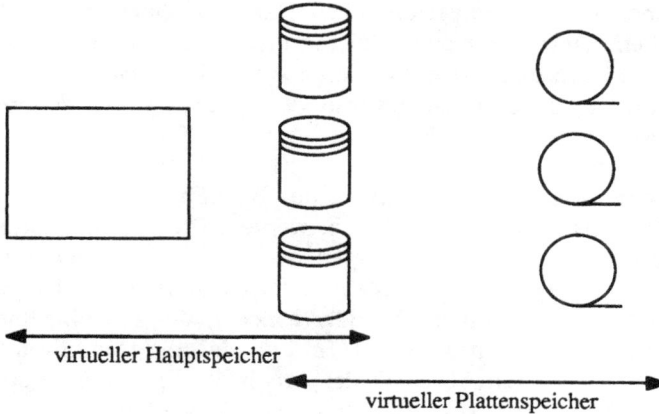

virtueller Hauptspeicher

virtueller Plattenspeicher

Dem Benutzer ist ein solcher direkter Bezug auf die externen Massenspeicher jedoch auch möglich. Die begriffliche Entsprechung der physischen Speicherbereiche ist hier die Datei (*file*). Ohne festlegen zu müssen, wo auf einer Platte oder einem Band die Informationen abgelegt werden, kann ein Anwender ein bestimmtes Gerät (Platten- oder Bandeinheit) zur Speicherung der Daten eines Programms vorsehen. Die Verwaltung der einzelnen Speicherplätze wird von einem Grundprogramm übernommen, dem Betriebssystem.

2.3.3 Grundprogramme: Betriebssystem und Programmierumgebungen

Das **Betriebssystem** (*operating system*) ist die Gesamtheit aller Programme, die zwischen der Rechnerhardware (den physisch vorhandenen Geräten) und den Benutzerprogrammen vermittelt.

Das Betriebssystem nimmt die Betriebssteuerung vor, so z.B. die Koordination der Datenströme im Rechner, die Aufteilung der Speicherbelegung, die Realisation des virtuellen Speicherkonzepts und die Versorgung der einzelnen Benutzer mit Betriebsmitteln. Das Betriebssystem stellt somit die Schnittstelle zwischen dem System und dem Benutzer dar: es bestimmt die Charakteristika der **Benutzungsoberfläche** einer DV-Anlage.

Teilweise kann ein Benutzer direkt Aktionen des Betriebssystems auslösen, z.B. die Identifikation gegenüber dem System (*logon*), das Kopieren oder Löschen von Dateien, das Ausführen und Abbrechen eines übersetzten Programms; viele der Betriebssystemoperationen laufen jedoch ab, ohne daß ein Benutzer auf sie Einfluß nehmen könnte (im **Hintergrund**), beispielsweise die Verwaltung des

Hauptspeichers oder das Einrichten einer Datei auf einem physischen Datenträger. Arbeiten mehrere Personen gleichzeitig mit dem System, so kommt dem Betriebssystem außerdem noch die Aufgabe zu, die verschiedenen Benutzeranforderungen zu koordinieren, insbesondere jedem Nutzer Rechnerzeit und zentrale Betriebsmittel zuzuteilen.

Nur Programme, die in Maschinensprache abgefaßt sind, können direkt vom Betriebssystem zur Ausführung gebracht werden; Programmquelltexte in einer höheren Programmiersprache benötigen noch die Umgebung der speziellen Sprache: einen **Übersetzer** (**Compiler** oder **Interpreter**), der den Maschinensprachetext erzeugt, einen **Binder** (*linker*), der die einzelnen Moduln zusammensetzt und einen **Lader** (*loader*), der die Ausführung des Programms vorbereitet. Nach Abschluß der Arbeit der Programmierumgebung ist das Programm dann direkt vom Betriebssystem aktivierbar.

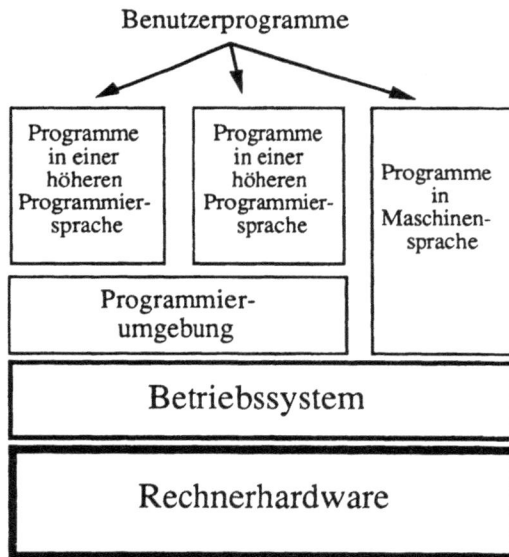

Benutzerprogramme

Programme in einer höheren Programmiersprache	Programme in einer höheren Programmiersprache	Programme in Maschinensprache
Programmierumgebung		
Betriebssystem		
Rechnerhardware		

2.3.4 Betriebsarten

Im wesentlichen kann man folgende **DV-Betriebsarten** unterscheiden:

- **Einzelbetrieb** (*single-user processing*)
Hier arbeitet nur ein Benutzer mit einem Programm auf der Anlage. Diese Betriebsart wird vornehmlich bei Mikro- und Minicomputern verwandt, weil sie nur bei solchen preiswerten Anlagen ökonomisch vertretbar ist. Der Vorteil des Einzelbetriebs besteht in den kurzen Antwortzeiten des Systems, der Nach-

teil in der möglicherweise schlechten Auslastung des Rechners.

- Stapelbetrieb (*batch processing*)
Beim Stapelbetrieb werden die Rechneranforderungen der verschiedenen Benutzer (die *jobs*) in eine **Warteschlange** gestellt und sequentiell von der Zentraleinheit abgearbeitet. Man verwendet den Batchbetrieb zur Maximierung des Durchsatzes einer DV-Anlage, der Benutzer muß, wenn er nicht der erste in der Warteschlange ist, relativ lange Wartezeiten hinnehmen, bis er das Ergebnis seines Jobs vom System erhält:

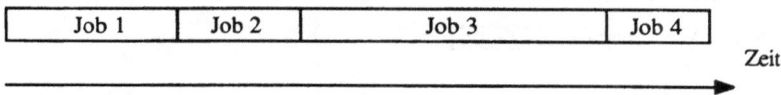

Job 1	Job 2	Job 3	Job 4

Zeit

- Mehrprogrammbetrieb (*multi-programming*)
Hier werden mehrere Programme quasi gleichzeitig vom System abgearbeitet. Da i. allg. jedoch nur ein Prozessor zur Verfügung steht, muß die Gleichzeitigkeit simuliert werden. Zu diesem Zweck werden jeweils Teile der Prozesse, die von den Benutzern in Auftrag gegeben werden, zur Ausführung durch die Zentraleinheit zugelassen. Die **Prozessorzeitstückelung** (*timesharing*) ist dabei so fein, daß den Benutzern nicht ersichtlich ist, welcher Prozeß gerade am Zuge ist. Der Durchsatz einer Anlage im Mehrprogrammbetrieb ist zwar in der Regel geringer als im Stapelbetrieb, doch ist die Arbeit für den Benutzer wesentlich komfortabler: er kann im **Dialog** mit dem System seine Anwendungen erstellen, testen und ausführen.

Um den Durchsatz im Mehrprogrammbetrieb zu erhöhen, wird bei der Zeitzuteilung folgendermaßen verfahren: wenn während eines Prozesses der Prozessor auf die Beendigung eines langsamen E/A-Vorganges warten müßte, wird ein anderer Prozeß zugelassen, die Wartezeit also überbrückt. Nach Abschluß des E/A-Vorgangs kann der zugehörige Prozeß dann wieder weitergeführt werden.

Welcher Prozeß im Zweifelsfall den Vorrang hat, wird durch die **Priorität** geregelt, die ihm das Betriebssystem zubilligt. Sie ist gestaffelt nach Benutzergruppen und Prozeßumfang.

Eine weitere Möglichkeit, den Durchsatz und die Antwortzeiten eines Systems zu verbessern, ist das *spooling*[48]: hier werden die langsamsten E/A-Vorgänge, die Ausgabe auf den Drucker beispielsweise, umgangen, indem die auszugebenden Informationen zunächst dem Hauptspeicher entnommen und auf

---

[48] *SPOOL: Simultaneous Peripherial Operations On Line*

externen Massenspeichern zwischengespeichert und selbständig im **Hinter-grund** (*background processing*) an die E/A-Geräte weitergeleitet werden.

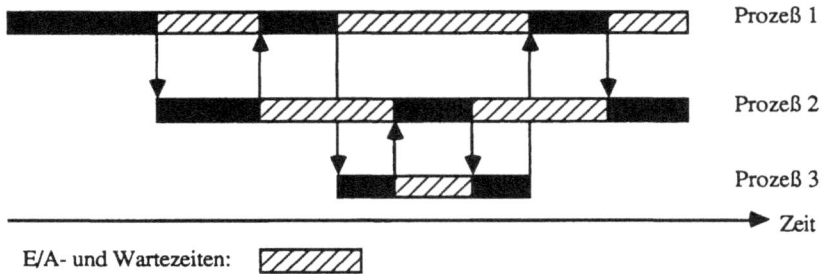

- **Echtzeitbetrieb** (*real- time processing*)

In der **Prozeßsteuerung** müssen die Regelungs- und Steuerprozesse, die von einer DV-Anlage ausgeführt werden sollen, zeitgleich mit der Realität ablaufen. Die Reaktionszeit des Rechners muß sich also in bestimmten, vorher festgelegten Schranken bewegen. Um dies zu gewährleisten, wird der Rechner, der zur Steuerung verwendet wird, so ausgelegt, daß er nie durch die Anforderungen überlastet wird. Hier hat also die kurze Antwortzeit Vorrang vor einem hohen Durchsatz. Allerdings können auch im Echtzeitbetrieb mehrere Prozesse schein-bar gleichzeitig verarbeitet werden, wiederum mit unterschiedlicher Priorität: z.B. wird bei einer Kraftwerksteuerung die Schnellabschaltung eine höhere Priorität als die Leistungssteuerung haben müssen.

Bei der Organisation aller dieser Betriebsarten spielt das Betriebssystem eine zentrale Rolle. Es ist stets ein Programm recht großen Umfangs und bestimmt ganz wesentlich die Qualität der DV-Anlage. Der Trend, der sich seit den Anfangszeiten der Datenverarbeitung abzeichnet, geht dahin, Betriebssystemen immer größere Teile der Arbeit mit der DV-Anlage zu übertragen, so daß sich der Benutzer stärker auf die Lösung seiner eigentlichen Anwendungsprobleme konzentrieren kann.

ANHANG: LÖSUNGEN DER ÜBUNGEN

1. Begriffliche Grundlagen der Programmierung

<u>Abschnitt 1.1.1</u>

Nr. 1:
Zeichenkonstanten sind:
'A'   '5'   '['   '%'   '⊔'
Keine Zeichenkonstanten sind:
r (die Apostrophe fehlen);
'A6', 's⊔', 'Ziffer' (mehr als ein Zeichen);
'' (weniger als ein Zeichen zwischen den Apostrophen)

Nr. 2:
Zeichenketten sind:
'Informatik' '321'   ''   '⊔⊔'
'86 ist keine Zeichenkette, da das abschließende Apostroph fehlt.

Nr. 3:
Vorzeichenlose ganze Zahlen sind:
3   3423   0045   0
Nicht dieser Syntax genügen:
-2   +908   Zahl   '76'   3+5   1,0

Nr. 4:
Ganze Zahlen sind:
+12   12   8765876   -000067;
-10.0   +-0   35-88   sind es nicht.

Nr. 5:
In Hinblick darauf, daß unter "Anzahl" ein Objekt verstanden werden soll, mit dem ggf. auch Rechenoperationen ausführbar sein sollen, kommen als Typenbezeichnungen sowohl "vorzeichenlose ganze Zahl" ("Anzahl" ist schließlich sicherlich nicht negativ) als auch "integer" in Betracht.

Nr. 6:
<u>Keine</u> Bezeichner sind:
2, 2mal (kein Buchstabe am Anfang); $, Häufigkeit , Ruß, 'Bezeichner' (enthalten Sonderzeichen); ein Name, gesuchtes Zeichen (enthalten das Sonderzeichen "Leerstelle").

Nr. 7:
Beschreibung der virtuellen Maschine
Name: Zeichenzahl
Eingaben an "Zeichenzahl":
Text: string
Zeichen: char
"Zeichenzahl" zählt, wie oft "Zeichen" in "Text" vorkommt.
Ausgaben von "Zeichenzahl":
Anzahl: integer (oder vorzeichenlose ganze Zahl)
Zusammenhang zwischen Ein- und Ausgaben: Anzahl = Zahl der Zeichen in Text

Nr. 8:

	Wert	Typ
32000 + 3712	35712	unbekannt, jedenfalls nicht integer mit dem angegebenen Wert von maxinteger
pred(-20000-12768)	-32769	unbekannt, jedenfalls nicht integer mit dem angegebenen Wert von mininteger
10/5	2	reelle Zahl (siehe Signaturdiagramm)
10 div 5	2	integer
10 mod 5	0	integer

Nr. 9:

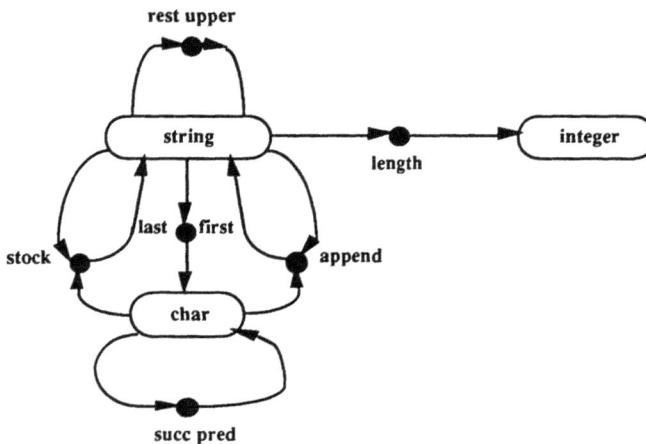

Nr. 10:
Man kann Objekte des Typs string ordnen und den Nachfolger bilden[49] (indem man das geringstwertige Zeichen hinten an den String anfügt). Die anderen vorgeschriebenen Operationen auf skalaren Datentypen sind auf string-Objekte nicht anwendbar.
Dezimalzahlen werden sicherlich keinen skalaren Datentyp bilden, da sie nicht aus endlich vielen Konstanten bestehen und weder succ noch pred anwendbar sind.

Nr. 11:
program Zeichenzahl;
{"Zeichenzahl" zählt, wie oft "Zeichen" in "Text" vorkommt}
{Eingaben:}
var   Text: string;
        Zeichen: char;
{Ausgaben:}
        Anzahl: integer;
{Anzahl = Zahl der Zeichen in Text}

Nr. 12:
Eine Beschreibung des Anweisungsteils von "Zeichenzahl" könnte ungefähr folgendermaßen lauten:

Text einlesen

---

[49] Da es von der speziellen Einrichtung der Sprache Pascal auf einem Rechner abhängt, welches das "geringstwertige Zeichen" ist, der Nachfolger eines string demzufolge vom verwendeten Rechner abhinge, ist die Nachfolgeroperation auf strings in Standard-Pascal nicht definiert.

Zeichen einlesen
Anzahl auf den Anfangswert 0 setzen
solange die Länge von Text noch größer als 0 ist, wiederhole folgende Vorgänge:
vergleiche das erste Zeichen von Text mit Zeichen; falls Gleichheit vorliegt, erhöhe den Wert von Anzahl um 1
streiche das erste Zeichen von Text
Anzahl ausgeben

Nr. 13:
Text{s} einlesen
Zeichen{s} einlesen
Anzahl{s} auf 0 setzen
solange length(Text{1}) > 0 wiederhole
      Beginn
      falls Zeichen{1} = first(Text{1}) dann Anzahl{s} auf Anzahl{1}+1 setzen
      Text{s} auf rest(Text{1}) setzen
      Ende
Anzahl{1} ausgeben
(Erläuterung der {s} und {1}: siehe 1.1.2, Nr. 1.)

Abschnitt 1.1.2

Nr. 1:
Beim Einlesen einer Variablen von einem Eingabegerät erfolgt auf die Variable ein schreibender Zugriff, da diese durch den Eingabevorgang einen Wert erhält; bei der Ausgabe wird der Wert einer Variablen zum Ausgabegerät gesandt: lesender Zugriff.
In der Algorithmusbeschreibung von Nr. 13 oben bedeutet ein {1} einen lesenden, ein {s} einen schreibenden Zugriff.

Nr. 2:
program Zeichenzahl;
{"Zeichenzahl" zählt, wie oft "Zeichen" in "Text" vorkommt}
{Eingaben:}
var   Text: string;
        Zeichen: char;
{Ausgaben:}
        Anzahl: integer;
{Anzahl = Zahl der Zeichen in Text}
begin
Zeichen einlesen;
Anzahl :=0;
solange length(Text) > 0 wiederhole
      Beginn
      falls Zeichen = first(Text) dann Anzahl := Anzahl+1;
      Text := rest(Text)
      Ende;
Anzahl ausgeben
end.

Nr. 3:

Schritt Nr.	Text	Zeichen	Anzahl
1	'AABBCD'	'B'	0
2			0
3	'ABBCD'		
4			0
5	'BBCD'		
6			1

7	'BCD'	
8		2
9	'CD'	
10		2
11	'D'	
12		2
13	' '	

Nr. 4:
program Zeichenzahltabelle;
{Ermittlung der Anzahl aller Zeichen zwischen 'a' und 'z' in einem Text und Ablage der Anzahlen in Tabellenform}
{stützt sich auf die Komponente "Zeichenzahl"}
var
      {Eingaben}
      Text: string;
      {Hilfsgrößen}
      Zeichen: char;
      Anzahl: integer;
      {Ausgaben}
      Anzahltabelle: array ['a' .. 'z'] of integer;

Nr. 5:
Anzahltabelle['g']
Anzahltabelle['t']
Anzahltabelle[Zeichen]

Nr. 6:
Zeichen := 'a';
solange Zeichen nicht hinter 'z' wiederhole
      Beginn
      Ausgabe von Anzahltabelle[Zeichen];
      Zeichen := succ(Zeichen)
      Ende;

Nr. 7:
Der König kann nach zeile['e'] und nach zeile['g'] ziehen, allgemein nach zeile[pred(X)] und nach zeile[succ(X)].

Nr. 8:
Der Springer kann nach
      schachbrett[3]['d']
      schachbrett[3]['f']
      schachbrett[4]['c']
      schachbrett[4]['g']
      schachbrett[6]['c']
      schachbrett[6]['g']
      schachbrett[7]['d']
      schachbrett[7]['f']
ziehen, allgemein nach
      schachbrett[pred(pred(i))][pred(X)]
      schachbrett[pred(pred(i))][succ(X)]
      schachbrett[pred(i)][pred(pred(X))]
      schachbrett[pred(i)][succ(succ(X))]
      schachbrett[succ(i)][pred(pred(X))]
      schachbrett[succ(i)][succ(succ(X))]
      schachbrett[succ(succ(i))][pred(X)]
      schachbrett[succ(succ(i))][succ(X)]

Nr. 9:
Zulässig sind z.B.:
first(F[-3])
F[7] := F[-7]
F[7] := F[succ(0)]
Unzulässig:
F[7] := succ(F[0]), da F[0] die Semantik von string hat und succ dort nicht definiert ist;
F[0] := 3, falscher Komponententyp;
F[-9] := F['Ameise'], falscher Indextyp.

Nr. 10:
const
        Untergrenze = 'a';
        Obergrenze = 'z';
var
        Anzahltabelle: array [Untergrenze .. Obergrenze] of integer;
...
Zeichen := Untergrenze;
solange Zeichen nicht hinter Obergrenze wiederhole
...
Die Programmänderung lautet lediglich
const
        Untergrenze = 'A';

Nr. 11:
Text := '';
solange Ende-Taste nicht gedrückt wiederhole
        Beginn
        read(Zeichen);
        Text := stock(Text, Zeichen)
        Ende

Nr. 12:
Zeichen := Untergrenze;
solange Zeichen nicht hinter Obergrenze wiederhole
        Beginn
        write('Anzahl von Zeichen ', Zeichen, ' : ', Anzahltabelle[Zeichen]);
        Zeichen := succ(Zeichen)
        Ende

Nr. 13:
Siehe Nr. 1.

Abschnitt 1.1.3

Nr. 1:
if first(Text) = Zeichen then Anzahl :=Anzahl+1
if temperatur < 18 then heizung:=an else heizung:=aus

Nr. 2:

x	y		x	y
-3			5	
	3			5

Nr. 3:
In diesem Falle würde stets versucht werden, den Kehrwert von x zu ermitteln, unabhängig vom

Wert von x, da die Anweisung "write(1/x)" dann nicht mehr von der Alternative gesteuert werden würde.

Nr. 4:

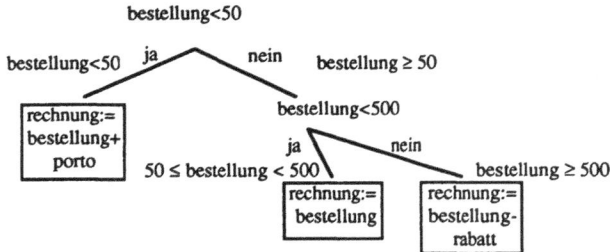

Nr. 5:
(1): x<y
(2): nicht x<y bzw. x≥y
Offenbar sind a und b beim Ausdruck der Größe nach sortiert. Im Falle x=y wird der else-Zweig betreten. Da auch der then-Zweig in diesem Fall hätte benutzt werden können, hätte die Bedingung auch "x≤y" lauten dürfen.

Nr. 6:
```
if bestellung < 50
        then  <--------- bestellung < 50
        rechnung:=bestellung+porto
        else  <--------- bestellung ≥ 50
                if bestellung ≥ 500
                        then  <-------- bestellung ≥ 500
                        rechnung:=bestellung-rabatt
                        else  <-------- 50 ≤ bestellung < 500
                        rechnung:=bestellung;
```

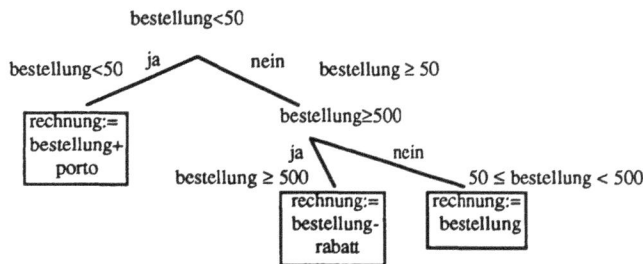

Nr. 7:
(1) if bestellung < 50 then rechnung:=bestellung+porto;
(2) if not (bestellung<50) and (bestellung>=500) then rechnung:=bestellung-rabatt;
(3) if not (bestellung<50) and not (bestellung>=500) then rechnung:=bestellung;
zu (2): Die hier geltende Bedingung läßt sich offenbar zu "bestellung>=500" zusammenfassen.
zu (3): Nach der de Morganschen Regel läßt sich die Bedingung umformen nach "not(bestellung<50 or bestellung>=500)".

Nr. 8:
Betrieb A:
```
if 50 <= bestellung and bestellung < 500
        then
        {50 <= bestellung and bestellung < 500}rechnung := bestellung
        else
        {bestellung < 50 or bestellung >= 500}
        if bestellung >= 500    then
                                {bestellung < 50 or bestellung >= 500 and bestellung >= 500,
                                also: bestellung >= 500}
                                rechnung := bestellung-rabatt
                                else
                                {bestellung < 50 or bestellung >= 500 and not bestellung >=
                                500, also: bestellung < 50}
                                rechnung := bestellung+porto
```

Betrieb B:
```
if bestellung >= 500 then {bestellung >= 500} rechnung := bestellung-rabatt
        else
        {bestellung < 500}
        if bestellung < 50 then
                {bestellung < 500 and bestellung < 50, also: bestellung < 50}
                rechnung := bestellung+porto
                else
                {bestellung < 500 and not (bestellung < 50), also 50 <= bestellung < 500}
                rechnung := bestellung
```

Nr. 9:
```
while length(Text) > 0 do
        begin
        if first(Text)=Zeichen then Anzahl:=Anzahl+1;
        Text:=rest(Text)
        end
```

```
program Zeichenzahltabelle;
...
while not (Zeichen > Obergrenze) do
        begin
        ...
        end
```

```
Zeichen := Untergrenze;
while not (Zeichen > Obergrenze) do
        begin
        write('Anzahl von Zeichen ', Zeichen, ' : ', Anzahltabelle[Zeichen]);
        Zeichen := succ(Zeichen)
        end
```

Nr. 10:
```
program Seitelesen;
var     seite: array[1 .. 64] of array[1 .. 80] of char;
        zeilenindex, spaltenindex: integer;
begin
zeilenindex := 1;
while zeilenindex <= 64 do
        begin
        {Verarbeitung einer Zeile}
```

```
        spaltenindex := 1;
        while spaltenindex <= 80 do
                begin
                read(seite[zeilenindex, spaltenindex]);
                spaltenindex := succ(spaltenindex)
                end;
        zeilenindex := succ(zeilenindex)
        end
end.
```

Nr. 11:
```
while length(Text) > 0 do
        {length(Text) > 0}
        begin
        if first (Text)=Zeichen then Anzahl:=Anzahl+1;
        Text:=rest(Text)
        end;
{length(Text) <= 0}
```

```
program Zeichenzahltabelle;
...
while not (Zeichen > Obergrenze) do
        {not (Zeichen > Obergrenze), also: Zeichen <= Obergrenze}
        begin
        ...
        end;
{Zeichen > Obergrenze}
```

Nr. 12:
Die Begründung der Transformationsregel erfolgt durch Notieren der geltenden logischen Aussagen in beiden Fassungen und Vergleich der Aussagen unmittelbar vor den "anweisungen" und hinter der Wiederholungsstruktur:

```
{Aussage vor der Schleife}
repeat
        {1. Durchlauf: Aussage vor der Schleife; sonst: not "bedingung"}
        "anweisungen"
until "bedingung";
{"bedingung"}
```

```
{Aussage vor der Schleife}
"anweisungen";
while not "bedingung" do
        {not "bedingung"}
        begin
        "anweisungen"
        end;
{not not "bedingung", also: "bedingung"}
```

Für die Transformation while .. do nach repeat .. until muß dafür gesorgt werden, daß auch beim ersten Schleifendurchlauf schon die Bedingung geprüft wird. Sinnvollerweise verwendet man hierzu eine Alternativanweisung:

```
while "bedingung" do
        {"bedingung"}
        begin "anweisungen" end
        {not "bedingung"}
```

ist gleichwertig mit

```
if "bedingung" then
        {"bedingung"}
        repeat
        {1. Durchlauf: "bedingung"; sonst: not not "bedingung"}
              "anweisungen"
        until not "bedingung"
{not "bedingung"}
```

Nr. 13:
```
read(i);
if i<10 then
        repeat
              write(i);
              i:=i+1
        until i >= 10;
```

Nr. 14:

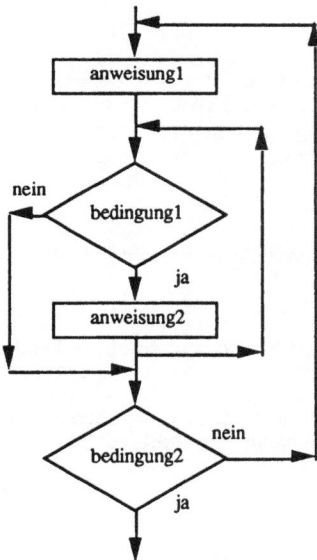

Nr. 15:
```
for i := anfang downto ende do "anweisung"
ist identisch mit
{i ist von einem skalaren Datentyp}
i := anfang;
while i >= ende do
     begin
     {"anweisung" darf die Werte von i, anfang oder ende nicht
       verändern}
     "anweisung";
     i:=pred(i) {bei integer: i:=i-1}
     end;
{Wert von i ist hier undefiniert}
```

Nr. 16:
program Zeichenzahltabelle;
...
for Zeichen := Untergrenze to Obergrenze do
        begin
        Zeichenzahl die Anzahl von Zeichen in Text ermitteln lassen;
        Anzahltabelle[Zeichen] := Anzahl
        end;
for Zeichen := Untergrenze to Obergrenze do
        write('Anzahl von Zeichen ', Zeichen, ' : ', Anzahltabelle[Zeichen]);

Abschnitt 1.1.4

Nr. 1:

0,0000452	=	4.52 E -5
6325476254	=	0.6325476254 E 10
-234628,876	=	-2.34628876 E 5
$0,645*10^{-12}$	=	6.45 E -13
,1	=	1 E -1

Nr. 2:
Zwei Mantissen müssen sich um mindestens die kleinste Binärstelle unterscheiden, um in der Maschine als verschiedene Werte dargestellt werden zu können. Es ist dies die kleinste darstellbare Mantisse, bei 24 Ziffernstellen (siehe Abschnitt 1.1.4.2) also $2^{-22} \approx 2*10^{-7}$. Dies sind demnach sieben bis acht verläßliche dezimale Stellen bei der Zahldarstellung. Z.B.:
Die nächstkleinere darstellbare Zahl zu
binär   +1.00101100111001101110111 ist
binär   +1.00101100111001101110110
Die Differenz beträgt 2^{-22} oder $2*10^{-7}$, was sich dezimal an der siebten oder achten Stelle von links gezählt auswirkt.

Nr. 3:
Wegen des Maschinen-Epsilons, um das die Maschinendarstellung des nicht abbrechenden Binärbruchs, der den Dezimalbruch 1/10 darstellt, vom exakten Wert abweicht, ist nicht zu erwarten, daß eine fortgesetzte Summation von 0,1 auf exakt 20 erfolgt.
Um ein Abbrechen des Algorithmus beim gewünschten Wert zu erzielen, sollte entweder die Abbruchbedingung "DM >= 20" lauten oder es sollte eine Zählschleife verwendet werden.

Nr. 4:
(x*2+y)*r+(y*6+x)*z =
{Präfixnotation:}   +(*(+(*(x,2),y),r),*(+(*(y,6),x),z)) =
{Postfixnotation:}   ((((x,2)*,y)+,r)*,(((y,6)*,x)+,z)*)+

Nr. 5:
(7+(8-M))*(3*(I mod J)+(L*L+6)) = (7+8-M)*(3*(I mod J)+L*L+6)

Nr. 6:
Hebt man die Abarbeitungsreihenfolge des zu untersuchenden Ausdrucks durch (eigentlich überflüssige) Klammerung hervor, so ergibt sich:
a<b or 2>z = (a< (b or 2)) >z,
wobei schon der Teilausdruck "b or 2" einen Typfehler liefert.

Nr. 7:

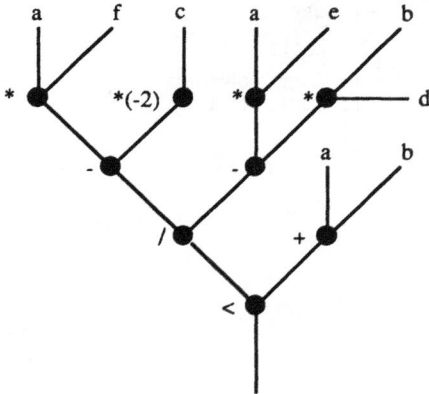

Pascal-Syntax: (a*f-c*(-2))/(a*e-b*d)<a+b
Präfixschreibweise: <(/(-(*(a,f),*(c,-2)),-(*(a,e),*(b,d))),+(a,b))
Postfixschreibweise: ((((a,f)*,(c,-2)*)-,((a,e)*,(b,d)*)-)/,(a,b)+)<

Abschnitt 1.1.5

Nr. 1:
var Matrnummerdatei: file of integer
Bei dieser Typwahl ist allerdings Vorsicht geboten: falls die größte Matrikelnummer den Wert von maxinteger übersteigt, muß auf z.B. string ausgewichen werden.

Nr. 2:
var Matrikelnummer: integer;
...
read(Matrnummerdatei, Matrikelnummer);
...
write(Matrnummerdatei,12434);

Nr. 3:
if not eof(Matrnummerdatei)   then read(Matrnummerdatei, Matrikelnummer)
                              else write('Dateiende erreicht! Lesen verweigert.');

Nr. 4:
Jede Datei, auf die die Operation rewrite angewendet wurde, ist leer und damit sowohl am Dateianfang wie auch am Dateiende.

Nr. 5:

Dateizustand	mögliche Operation	resultierender Dateizustand
nicht existent	rewrite	schr. Zugr., leer, eof=true
geschlossen	reset	les. Zugr.
	rewrite	schr. Zugr., leer, eof=true
lesender Zugriff	reset	les. Zugr.
	rewrite	schr. Zugr., leer, eof=true
	close	geschlossen

	eof	les. Zugr.
	read (falls nicht eof=true)	les. Zugr.
schreibender Zugriff	reset	les. Zugr.
	rewrite	schr. Zugr., leer, eof=true
	close	geschlossen
	eof	schr. Zugr., eof=true
	write	schr. Zugr., eof=true

Nr. 6:
```
var Matrnummerdatei: file of integer;
...
rewrite(Matrnummerdatei);
repeat
        read(Matrikelnummer);
        write(Matrnummerdatei, Matrikelnummer)
until eof;
```

Nr. 7:
```
...
var Matrnummerdatei, Kopie: file of integer;
...
rewrite(Kopie);
reset(Matrnummerdatei);
repeat
        read(Matrnummerdatei, Matrikelnummer);
        write(Kopie, Matrikelnummer)
until eof(Matrnummerdatei);
```

Nr. 8:
```
rewrite(Kopie);
reset(Matrnummerdatei);
repeat
        read(Matrnummerdatei, Matrikelnummer);
        if Matrikelnummer <> Suchnummer then write(Kopie, Matrikelnummer)
until eof(Matrnummerdatei);
rewrite(Matrnummerdatei);
reset(Kopie);
repeat
        read(Kopie, Matrikelnummer);
        write(Matrnummerdatei, Matrikelnummer)
until eof(Kopie);
```

Nr. 9:
```
var     Kopie: array[1 .. Anzahl] of integer;
        Index; Maxindex: integer;
...
rewrite(Kopie) ist zu ersetzen durch
Index:=1; Maxindex:= Index;
Jeder Schreibvorgang auf "Kopie" ist zu ersetzen durch:
Kopie[Index]:=Matrikelnummer; Index:=succ(Index); Maxindex:=Index
reset(Kopie) ist zu ersetzen durch
Index:=1
Jeder Lesevorgang auf "Kopie" ist zu ersetzen durch
Matrikelnummer:=Kopie[Index]; Index:=succ(Index)
eof(Kopie) ist zu ersetzen durch
Index=Maxindex
```

Nr. 10:
Einrichten und Füllen einer Datei: siehe Nr. 6.

Ausgabe und Zählen aller Datensätze:
reset(Matrnummerdatei);
Zähler:=0;
repeat
        read(Matrnummerdatei, Matrikelnummer);
        write(Matrikelnummer);
        Zähler:=succ(Zähler);
until eof(Matrnummerdatei)

Suchen von Datensätzen: siehe Programm "nummernsuche".

Löschen von Datensätzen: siehe Nr. 8.

Einfügen von Datensätzen hinter dem Satz mit dem Inhalt "Suchnummer":
rewrite(Kopie);
reset(Matrnummerdatei);
read(Einfuegung);
repeat
        read(Matrnummerdatei, Matrikelnummer);
        write(Kopie, Matrikelnummer);
        if Matrikelnummer = Suchnummer then write(Kopie, Einfuegung)
until eof(Matrnummerdatei);
rewrite(Matrnummerdatei);
reset(Kopie);
repeat
        read(Kopie, Matrikelnummer);
        write(Matrnummerdatei, Matrikelnummer)
until eof(Kopie);

Nr. 11:
Student
        Matrikelnummer: integer
        Name
            Vorname: string
            Nachname: string
        Anschrift
            Straße: string
            Hausnummer: string
            Postleitzahl: integer
            Wohnort: string
        Studienziel: string
        Immatrikulationssemester: string

Nr. 12:
Student :   record
        Matrikelnummer : integer;
        Name :   record
                Vorname : string;
                Nachname : string
                end; {von Name}
        Anschrift : record
                Strasse : string; {Achtung: kein "ß" zugelassen!}
                Hausnummer : string;
                Postleitzahl : integer;

```
                              Wohnort : string
                              end; {von Anschrift}
                    Studienziel : string;
                    Immatrikulationssemester : string
                    end; {von Student}
```

Nr. 13:
student: {siehe 12.}
student.name: record
```
                              Vorname : string;
                              Nachname : string
                              end;
```
student.anschrift: record
```
                              Strasse : string;
                              Hausnummer : string;
                              Postleitzahl : integer;
                              Wohnort : string
                              end;
```
student.name.nachname: string
student.studienziel: string

Nr. 14:
var
```
          Studentendatei: file of record
              Matrikelnummer : integer;
              Name :    record
                              Vorname : string;
                              Nachname : string
                              end; {von Name}
                  Anschrift : record
                              Strasse : string;
                              Hausnummer : string;
                              Postleitzahl : integer;
                              Wohnort : string
                              end; {von Anschrift}
              Studienziel : string;
              Immatrikulationssemester : string
              end;
          Student :   record
              Matrikelnummer : integer;
              Name :    record
                              Vorname : string;
                              Nachname : string
                              end; {von Name}
                  Anschrift : record
                              Strasse : string;
                              Hausnummer : string;
                              Postleitzahl : integer;
                              Wohnort : string
                              end; {von Anschrift}
              Studienziel : string;
              Immatrikulationssemester : string
              end; {von Student}
...
rewrite(Studentendatei);
repeat
          read(Student.Matrikelnummer);
          read(Student.Name.Vorname);
```

```
              read(Student.Name.Nachname);
              read(Student.Anschrift.Strasse);
              read(Student.Anschrift.Hausnummer);
              read(Student.Anschrift.Postleitzahl);
              read(Student.Anschrift.Wohnort);
              read(Student.Studienziel);
              read(Student.Immatrikulationssemester);
              write(Studentendatei, Student)
until eof;
```

Nr. 15:
...
```
open(Studentendatei);
seek(Studentendatei, Nummer); {Nummer sei die Nummer des zu ändernden Satzes}
read(Studentendatei, Student);
write('Bitte den neuen Nachnamen eingeben.');
read(Student.Name.Nachname);
seek(Studentendatei, Nummer); {Zurücksetzen auf den zu ändernden Satz}
write(Studentendatei, Student)
```
...

Nr. 16:
```
Studentendatei: file of record
              Matrikelnummer : integer;
              Name :      record
                          Vorname : string;
                          Nachname : string
                          end; {von Name}
              Anschrift : record
                          Strasse : string;
                          Hausnummer : string;
                          Postleitzahl : integer;
                          Wohnort : string
                          end; {von Anschrift}
              Studienziel : string;
              Immatrikulationssemester : string;
              geloescht: boolean {entsprechende Änderung bei "Student"}
              end;
Löschen mittels:
Student.geloescht := true;
Nichtbearbeiten gelöschter Sätze:
if not Student.geloescht then ... {Bearbeitung}
```

Nr. 17:
Die Dateibereinigung kann mittels selektiven Umkopierens auf eine Hilfsdatei
```
repeat
              read(Studentendatei, Student);
              if not Student.geloescht then write(Kopie, Student)
until eof(Studentendatei)
```
und anschließenden Umkopierens auf die zu bereinigende Datei in sequentieller Organisation erfolgen.

Nr. 18:
Die einzige Komponente des Datensatzes "Student", die jeden Satz eindeutig kennzeichnet, ist die Matrikelnummer. Diese ist demnach die einzige, die sich als Schlüssel eignet.

Abschnitt 1.2.1

Nr. 1:
function invert(s: string): string;

Nr. 2:

s	length(s)	last
'ABCD'	4	
'BCD'	3	
'CD'	2	
'D'	1	'D'

Nr. 3:
```
function invert(s: string): string;
var s1,s2 : string;
begin
s1:=s; {statt s1 einzulesen, wird der Wert des Parameters verwendet}
s2:='';
while length(s1)<>0 do
        begin
        s2:=append(first(s1), s2);
        s1:=rest(s1)
        end;
{das Ergebnis wird dem Funktionsnamen zugewiesen:}
invert:=s2
end {von invert}
```

Nr. 4:
```
function f(x: integer): real;
begin
f:=1/(x*x+1)
end
```

Nr. 5:
Da die Division durch Null undefiniert ist, würde für n=0 kein Wert abgeliefert werden. Eine Kehrwert-Abbildung würde dies durch Herausnahme der Null aus dem Definitionsbereich berücksichtigen:

kehrwert: $\mathbb{Z} \setminus \{0\} \to \mathbb{R}$

Nr. 6:

n	m	x	z	f
2	3	0	0	
		2	1	
		4	2	
		6	3	6
2	-3	0	0	
		2	1	
		4	2	
		6	3	
		8	4	
		10	6	
		...	...	

Nr. 7:
function f(n, m: integer {m>=0}): integer;

Nr. 8:

lokal bzgl.	g:	a, b, r, s, f
lokal bzgl.	f:	n, m, x, z
global bzgl.	f:	alle lokalen und globalen Größen von g

Abschnitt 1.2.2

Nr. 1:
Das Hauptprogramm sollte die Moduln 1, 2 und 3 aktivieren dürfen, das Modul 3 die Moduln M31 und M32.

Nr. 2:
Siehe Abschnitt 1.2.2.4.

Nr. 3:
f1 ist in p, f21 in f2 vereinbart worden. f1 kann demzufolge in allen Moduln verwendet werden, f21 in f2, f21, f22, f211, f212 und f221. "pi" wurde in f12 vereinbart und kann demnach in f12, f211 und f212 verwendet werden. Den erwähnten Teilbaum fügt man auf derselben Ebene wie f1 und f2 dem Baum hinzu.

Nr. 4:
procedure Ausgabe (adressdatei: file of record name: nametyp; anschrift: anschrifttyp end[50]);
          procedure Namendrucken(name: nametyp);
          begin
          write('Namendrucken aktiviert')
          end;
          procedure Anschriftdrucken(anschrift: anschrifttyp);
          begin
          write('Anschriftdrucken aktiviert')
          end;
var adresse: record name: nametyp; anschrift: anschrifttyp end;
begin
reset(adressdatei);
write('Name   Anschrift');
while not eof(adressdatei) do
          begin
          read(adressdatei, adresse);
          Namendrucken(adresse.name);
          Anschriftdrucken(adresse.anschrift)
          end;
end;

Nr. 5:
Alle Parameter des "Eingabe"-Teilbaums sind Eingabe-, die des "Verarbeitungs"-Teilbaums sind Durchgangs- und die des "Ausgabe"-Teilbaums sind Ausgabeparameter.

Nr. 6:
procedure Eingabe(var adressdatei: file of record name: nametyp; anschrift: anschrifttyp end); ... (siehe Fußnote zu Nr. 4!)
procedure Namenlesen(var name: nametyp); ...
procedure Anschriftlesen(var anschrift: anschrifttyp); ...

---

[50] Hier wird von korrektem Pascal abgewichen: 1) Die Typangaben von Parametern müssen in Pascal mit Typbezeichnern vorgenommen werden und 2) Dateien müssen in Pascal immer parametrische Variablen sein (siehe Abschnitt 1.2.2.6), da sie ansonsten jeweils dupliziert werden und somit sehr schnell enorme Ressourcen in Anspruch nehmen würden.

Nr. 7:

```
program zeichenzahltabelle;
 const
  Untergrenze = 'A';
  Obergrenze = 'z';
 var
  Text : string;
  Zeichen : char;
  Anzahl : integer;
  Anzahltabelle : array[Untergrenze..Obergrenze] of integer;
 function zeichenzahl (Text : string;
   Zeichen : char) : integer;
  var
  Anzahl : integer;
 begin
  Anzahl := 0;
  while length(Text) > 0 do
   begin
   if first(Text) = Zeichen then
   Anzahl := Anzahl + 1;
   Text := rest(Text)
   end;
  zeichenzahl := Anzahl
 end; {von zeichenzahl}
begin
 read(Text);
 for Zeichen := Untergrenze to Obergrenze do
  Anzahltabelle[Zeichen] := zeichenzahl(Text, Zeichen);
 for Zeichen := Untergrenze to Obergrenze do
  write('Anzahl von Zeichen ', Zeichen, ':', Anzahltabelle[Zeichen])
end.
```

Abschnitt 1.2.3

Nr. 1:

```
function zeichenzahl(Text: string; Zeichen: char): integer;
begin
if length(Text)=0 then zeichenzahl:=0
                else if first(Text)=Zeichen then zeichenzahl:=
                                      succ(zeichenzahl(rest(Text, Zeichen)))
                else zeichenzahl:=zeichenzahl(rest(Text, Zeichen))
end
```

Nr. 2:

```
function fakultaet(n: integer): integer;
begin
if n>0    then fakultaet:=n*fakultaet(n-1)
          else fakultaet:=1
end
```

Nr. 3:

fakultät(4)=4*fakultät(3)=4*3*fakultät(2)=4*3*2*fakultät(1)=4*3*2*1*fakultät(0)=4*3*2*1*1
=24

Nr. 4:
```
function invert(s: string): string;
begin
if length(s)=0  then invert:=s
                else invert:=append(last(s),invert(upper(s)))
end
```

Nr. 5:
invert('abc') = append('c',invert('ab')) = append('c',append('b',invert('a'))) =
append('c',append('b',append('a',''))) = 'cba'

Abschnitt 1.3.1

Nr. 1:
```
while index <= anzahl do
        begin
        read(zahl);
        durchschnitt:=durchschnitt+zahl;
        index:=succ(index)
        end;
```

Nr. 2:
Der Beweis ist hier trivial: die gesuchte ganzzahlige Größe, die bei jedem Schleifendurchlauf anwächst, ist natürlich "index", das Maximum, bei dessen Erreichen die Wiederholungsbedingung falsch wird, ist "Anzahl".

Nr. 3
Um die Terminierung einer Anweisung "repeat A until B" sicherzustellen, suche man nach einer ganzzahligen Größe N derart, daß ihr Wert bei jeder Wiederholung abnimmt (resp. zunimmt) und B bei Erreichen eines Minimums (resp. Maximums) wahr wird.

Nr. 4:
Die Pascal-Zählschleife for ... to/downto ... do terminiert immer (siehe Abschnitt 1.1.3.6, Semantik der Zählschleife). Die gesuchte ganzzahlige Größe ist die Laufvariable, die Erhöhung bzw. Erniedrigung erfolgt selbsttätig bis zum angegebenen Maximum bzw. Minimum.

Nr. 5:
Die ganzzahlige Größe ist der Parameter b selbst, der bei jedem rekursiven Funktionsaufruf abnimmt. Der nichtrekursive Aufruf erfolgt offenbar genau dann irgendwann einmal, wenn b anfangs größer oder gleich Null ist.

Abschnitt 1.3.3

Nr. 1:
Nein, denn ohne die Zusicherung y>0 wäre nicht sicher, daß die Schleife betreten wird. Es ließe sich daher die Konsequenz der letzten Schleifenanweisung nicht zu dem Schluß m=0 heranziehen, so daß auch x*y=mult nicht geschlußfolgert werden könnte. Die Zusicherung y>0 kann dann trivialerweise um den Fall y=0 erweitert werden, so daß sich insgesamt die abgeschwächte Zusicherung y>=0 ergibt.

2. Maschinelle Realisation und Organisation von DV-Vorgängen

Abschnitt 2.1.1

Nr. 1:
Es müßte eine Adresse pro Bezeichner verarbeitet werden, also insgesamt sechs. Obwohl zwei Adressen gleich sind (die des Bezeichners "a"), gäbe es doch insgesamt sechs Zugriffe auf den Hauptspeicher.

Nr. 2:

Takt:	1	2	3	4	5	6
Pegel						
2		c/d				
1	a*b	a*b	a*b+c/d	(a*b+c/d)*a	-(a*b+c/d)*a	-(a*b+c/d)*a*2

Nr. 3:
i:=0
1) SP[i+1]:=a+b; i:=i+1;
2) SP[i+1]:=a-b; i:=i+1;
3) SP[i-1]:=SP[i]*SP[i-1]; i:=i-1;
4) SP[i]:=SP[i]*8
5) SP[i]:= -SP[i]

Takt:	1	2	3	4	5
Pegel					
2		a-b			
1	a+b	a+b	(a+b)*(a-b)	(a+b)*(a-b)*8	-(a+b)*(a-b)*8

Nr. 4 und 5:

Drei-Adreß-Form	Ein-Adreß-Form (kursiv: überflüssige Anweisungen)
i:=0;	i:=0;
SP[i+1]:=a*b; i:=i+1;	AKKU:=SP[100]; AKKU:=AKKU*SP[99]; SP[i+1]:=AKKU; i:=i+1;
SP[i+1]:=c/d; i:=i+1;	AKKU:=SP[98]; AKKU:=AKKU/SP[97]; SP[i+1]:=AKKU; i:=i+1;
SP[i-1]:=SP[i]+SP[i-1]; i:=i-1;	*AKKU:=SP[i];* AKKU:=AKKU+SP[i-1]; SP[i-1]:=AKKU; i:=i-1;
SP[i]:=SP[i]*a;	*AKKU:=SP[i];* AKKU:=AKKU*SP[100]; SP[i]:=AKKU;
SP[i]:= -SP[i];	*AKKU:=SP[i];* AKKU:= -AKKU; SP[i]:=AKKU;
SP[i]:=SP[i]*2	AKKU:=2; AKKU:=AKKU*SP[i]; SP[i]:=AKKU;
x:=SP[i]; i:=i-1	*AKKU:=SP[i];* SP[96]:=AKKU; i:=i-1

Abschnitt 2.1.2

Nr. 1:

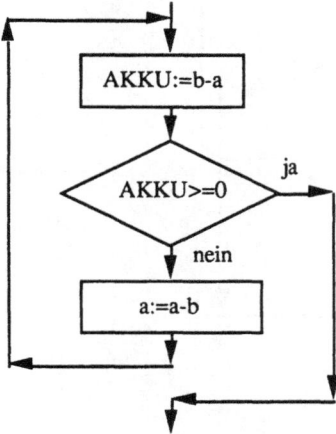

Nr. 2:

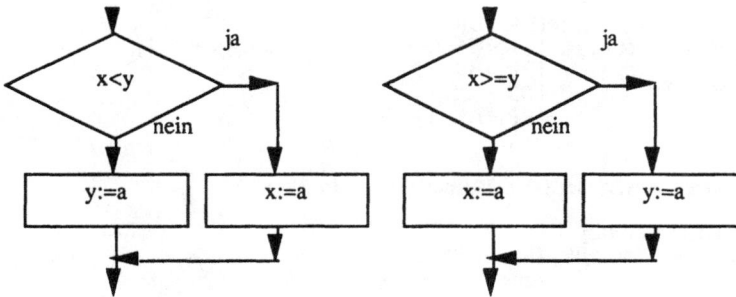

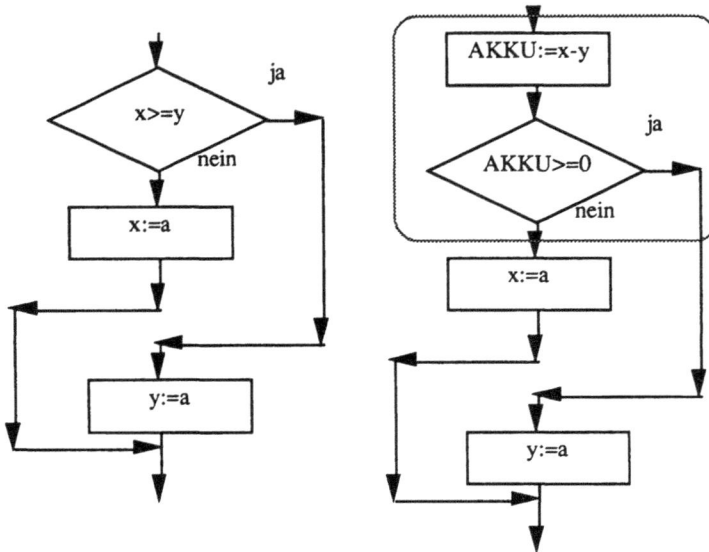

Drei-Adreß Form:

100	AKKU:=x-y	{BR:=BR+1}
101	if AKKU>=0 then goto 104	{AKKU>=0: BR:=104, sonst BR:=BR+1}
102	x:=a	{BR:=BR+1}
103	goto 105	{BR:=105}
104	y:=a	{BR:=BR+1}
105	...	

Ein-Adreß Form (a habe die Adresse 200, x 201 und y die Adresse 202):

100	AKKU:=SP[201]	
101	AKKU:=AKKU-SP[202]	
102	if AKKU>=0 then goto 106	{hier muß die die Wertzuweisung y:=a <u>vorbereitende</u> Anweisung angesprungen werden!}
103	AKKU:=SP[200]	
104	SP[201]:=AKKU	
105	goto 108	
106	AKKU:=SP[200]	
107	SP[202]:=AKKU	
108	...	

Nr. 3:

64	call 715	{SP[i+1]:=BR; i:=i+1; BR:=715}
...		
745	return	{BR:=SP[i]; i:=i-1}

Nr. 4:
Vor dem UP-Aufruf muß noch der zweite Parameter auf den Stapel gelegt werden, im UP muß ein weiterer Speicherplatz für diesen zweiten Parameter reserviert und sein Wert dorthin vom Stapel übertragen werden.

Abschnitt 2.2.1

Nr. 1:
$1101001_2 = 105_{10}$
$546_{10} = 1000100010_2$

Abschnitt 2.2.2

Nr. 1:

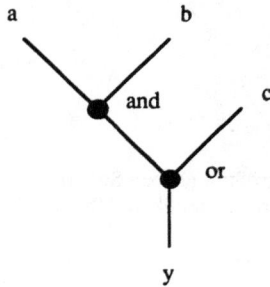

$y = (a$ und $b)$ oder c

a	b	c	y
1	1	1	1
1	1	0	1
1	0	1	1
1	0	0	0
0	1	1	1
0	1	0	0
0	0	1	1
0	0	0	0

Abschnitt 2.2.3

Nr. 1:

a	b	s	ü	
0	0	0	0	(1)
0	1	1	0	(2)
1	0	1	0	(3)
1	1	0	1	(4)

$ü = a$ und b

(2): $s =$ nicht a und b
(3): $s = a$ und nicht b

$s = ($nicht a und $b)$ oder $(a$ und nicht $b)$

Nr. 2:

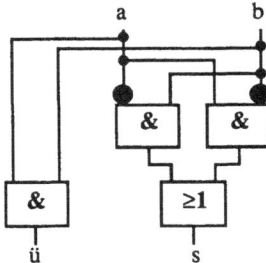

Abschnitt 2.2.4

Nr. 1:
Der Übertrag von HA_3 muß stets Null sein, denn selbst bei den drei größtmöglichen Summanden
dieser Additionsaufgabe, drei Einsen, die die größte Summe ergeben, entsteht kein Übertrag in
die dritte Stelle: $1 + 1 + 1 = 11$.

Nr. 2:

a	1	1	1	1	0	0	0	0
b	1	1	0	0	1	1	0	0
c	1	0	1	0	1	0	1	0
$ü_2$	0	0	1	0	1	0	0	0
$ü_1$	1	1	0	0	0	0	0	0
Ü	1	1	1	0	1	0	0	0

$Ü = ü_1$ oder $ü_2$

HA_3 ist durch ein oder-Gatter zu ersetzen.

Abschnitt 2.2.5

Nr. 1:
$$9_{10} = 00001001_2$$
$$24_{10} = 00011000_2$$
$$-24_{10} = \text{Zweierkomplement}(00011000) = [11100111 \oplus 00000001]$$
$$= 11101000$$
("$\oplus$" meint die Addition mit beschränkter Stellenzahl)
$$9-24_{10} = 00001001$$
$$\oplus\ \underline{11101000}$$
$$= 11110001$$
Das Ergebnis ist offensichtlich negativ, also sein Zweierkomplement die entsprechende positive
Zahl:
$$11110001 = -\text{Zweierkomplement}(11110001)$$
$$= -[00001110 \oplus 00000001]$$
$$= -[00001111]$$
$$= -15_{10}$$

Abschnitt 2.2.6

Nr. 1:

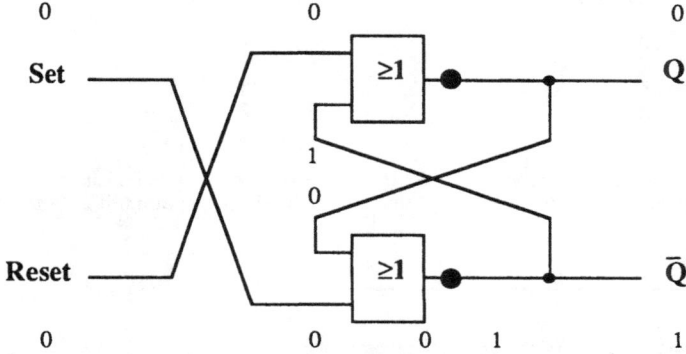

... und, aus Symmetriegründen, auch die andere Konfiguration.

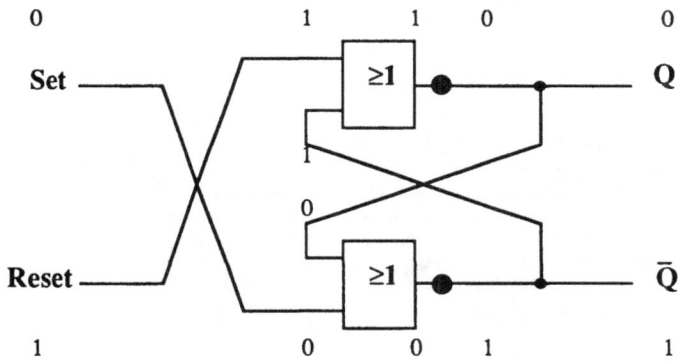

... und, aus Symmetriegründen, auch die andere Konfiguration.

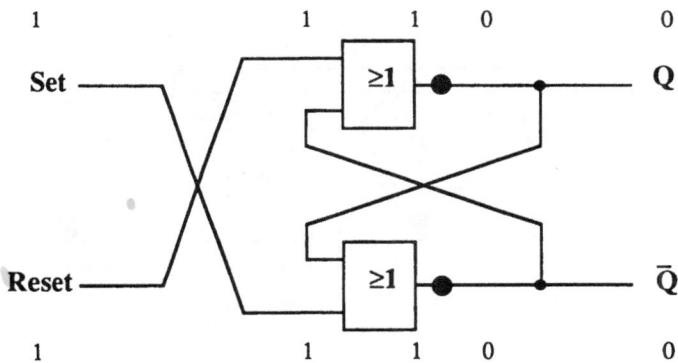

Abschnitt 2.2.7

Nr. 1:

Takt	Stelle 4	Stelle 3	Stelle 2	Stelle 1	Wert im Dezimalsystem
1	0	1	1	0	6
2	0	0	1	1	3
3	1	0	0	1	1
4	1	1	0	0	12
5	0	1	1	0	6
6	0	0	1	1	3

Man beachte, daß durch Registerschieben offensichtlich eine "schnelle Division durch 2 ohne Rest" oder, beim Schieben in die andere Richtung, eine "schnelle Multiplikation mit 2" realisiert wird.

Nr. 2:

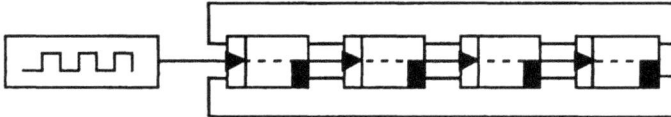

Abschnitt 2.2.8

Nr. 1:

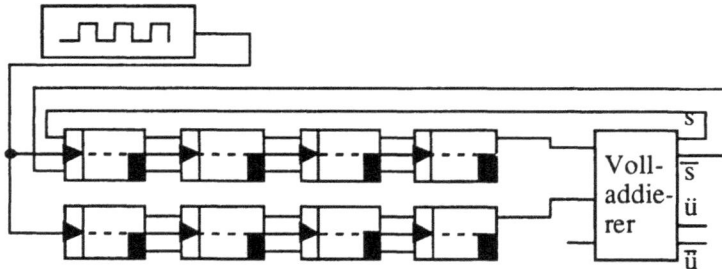

Nr. 2:

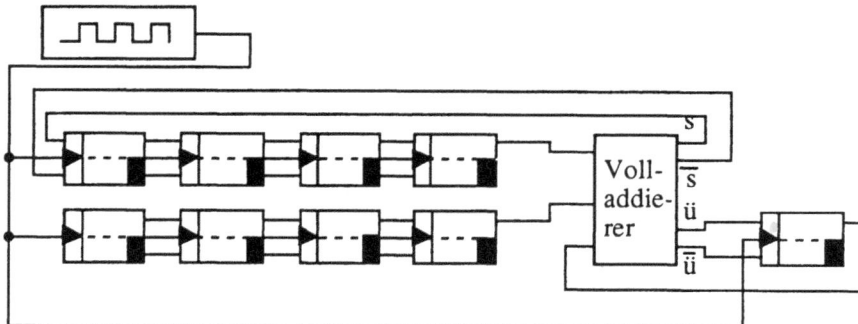

ERGÄNZENDE LITERATUR

Allgemein

F. L. Bauer, G. Goos: Informatik, Erster Teil, Berlin 1982
F. L. Bauer, G. Goos: Informatik, Zweiter Teil, Berlin 1974

H. Hansen, Wirtschaftsinformatik, Stuttgart 1986

D. Knuth, The Art of Computer Programming, Reading, Mass., Bd. 1: Fundamental Algorithms, 1973, Bd. 2: Seminumerical Algorithms, 1981, Bd. 3: Sorting and Searching, 1973

P. Schefe, Informatik, Zürich 1985

H. J. Schneider (Hrsg.), Lexikon der Informatik und Datenverarbeitung, München 1983

0. Einleitung

W. Coy, Industrieroboter, Berlin 1985

F. L. Bauer, Was heißt und was ist Informatik?, in M. Otte (Hrsg.), Mathematiker über die Mathematik, Berlin 1974

J. Bickenbach et al. (Hrsg.), Militarisierte Informatik, Berlin 1985

P. Brödner, D. Krüger, B. Senf, Der programmierte Kopf: eine Sozialgeschichte der Datenverarbeitung, Berlin 1981

R. Oberliesen, Information, Daten und Signale, Reinbek bei Hamburg 1982

J. Weizenbaum, Die Macht der Computer und die Ohnmacht der Vernunft, Frankfurt/M. 1982

1. Begriffliche Grundlagen der Programmierung

C.A.R. Hoare, N. Wirth, An Axiomatic Definition of the Programming Language Pascal, Acta Informatica 2, 1973, S. 355 ff

K. Jensen, N. Wirth, Pascal User Manual and Report, Berlin 1974

P. Schnupp, Chr. Floyd, Software, Berlin 1979

J. Stoer, Einführung in die Numerische Mathematik I, Berlin 1976

D.S. Touretzky, LISP: A Gentle Introduction to Symbolic Computation, New York 1984 (Kapitel 8: Recursion)

N. Wirth, Algorithmen und Datenstrukturen, Stuttgart 1983

N. Wirth, Systematisches Programmieren, Stuttgart 1983

2. Maschinelle Realisation und Organisation von DV-Vorgängen

W. Coy, Aufbau und Arbeitsweise von Rechenanlagen, Braunschweig/Wiesbaden 1988

G. Harms, Digitale Schaltkreise, Würzburg 1974

J. Pütz, Digitaltechnik, Düsseldorf 1978

U. Weyh, Elemente der Schaltungsalgebra, München 1972

Namen- und Sachverzeichnis